KB157216

이과형의
만만한
과학책

과알못도 즐겁게 만드는
대한민국 최고의 과학 멘토

이과형의 만만한 과학책

이과형(유우종) 지음

프롤로그

과학은 원래 재미있다

'롯데월드타워의 무게는 75만 톤이다.'

이 문장이 그렇게 재미있지는 않다. 그럼 이건 어떠한가?

'롯데월드타워는 서울 인구 전체의 무게이다.'

조금 흥미로워졌지만 아직이다. 그럼 이렇게 해보자.

'한번 주위를 둘러봐라. 놀랍게도 건물의 대부분은 빈 공간이다. 무게를 버티는 부분이 공간의 10%도 되지 않는다. 롯데월드타워 역시 겨우 이 작은 부분이 서울 인구 전체를 짊

어지고 있다.'

어떠한가? 롯데월드타워가 어떻게 무너지지 않는지 궁금하다. 처음 문장은 그저 그런 과학이었는데 마지막 문장은 흥미롭고 알고 싶은 과학이 되었다. 여러분도 그렇게 생각하는가? 그렇다면 무얼 망설이고 있는가? 얼른 이 책을 읽어 나가면 된다. 이 책에는 이렇게 재미있는 과학이 가득하니까 말이다.

지금 얼굴에 물음표를 잔뜩 띄운 당신의 표정이 떠오른다. 그런 당신을 위해 잠깐 나의 이야기를 해보겠다.

"아빠 뭐 하는 사람이야?"

딸이 5살이 되었을 때 내게 직업을 물어왔다. 유치원에서 직업에 대해 배웠다고 한다. 대답은 하지 않고 오히려 엉뚱하게 딸에게 되물었다.

"선생님께 아빠 뭐 한다고 얘기했어?"

"응, 맨날 집에서 컴퓨터만 한다고 했어."

맞는 말이긴 한대 왠지 찝찝하다. 매일 딸을 데리러 갈 때 추리닝을 입고 슬리퍼를 끌며 갔던 것이 괜스레 마음에 걸린다. 그날 이후 유치원 선생님이 왠지 날 한심하단 표정으로 쳐다보는 것 같다. 물론 내 기분 탓이겠지만.

예전에는 직업이 뭐냔 질문에 대답하기 편했다.

"중학교 과학 선생님입니다."

그런데 교사를 그만두고 나니 나를 딱 하나의 단어로 표현하기가 어려워졌다. 과학 유튜버, 과학 커뮤니케이터, 과학 크리에이터, 과학 작가, 이과형 대표 등 나의 직업을 표현할 수 있는 많은 수식어가 존재한다. 그중 나를 가장 잘 표현할 수 있는 수식어를 하나 고르라고 한다면 어렵다. 하지만 내가 가장 좋아하는 수식어라면 하나 있다.

"과학 이야기꾼."

나는 영상도 만들고 글도 쓰고 강의도 하는 등 과학과 관련된 많은 일을 하고 있지만, 과학을 재미있게 전달하는 과학 이야기꾼이 되고 싶은 사람이다.

내가 이런 생각을 갖게 된 건 대학교 4학년 여름이었다.

"과학 수업에서 가장 중요한 건 무엇인가요?"

교수님이 물었다.

'수업 목표 설정? 수업 내용 조직?'

그런데 교수님의 대답은 아주 의외였다.

"재미입니다. 학생들은 재밌으면 가르치지 않아도 알아서 해요."

오프 더 레코드였는지는 모르겠다. 전공 교재에는 나오진 않는 말이었으니까 말이다.

하지만 교수님이 농담 반 진담 반으로 툭 던진 이 말은 나에겐 유레카였다. 영어 단어 암기를 못해서 매일 선생님께 혼나던 내 친구 철수가 100개가 넘는 게임 아이템의 소수점 금액까지 몽땅 외우고 있던 모습이 떠올라서 그랬던 건 아닐 것이다.

우리는 재미있는 것을 좋아한다. TV, 영화, 게임, 소설, 웹툰, 음악, 스포츠 등 언제나 재미있는 것들을 갈망한다. 하지만 우린 즐기기만 할 뿐 재미가 가지는 놀라운 힘은 잘 모르고 있다.

한번 생각해봐라. 어릴 때 선생님께 혼나가며 배운 것은 모두 다 까먹었지만 (나만 그러한가?) 뜨끈한 방바닥에 누워 코 후비며 보던 만화의 배경음악이 아직도 떠오르고 있는 건 정말 놀랍지 않은가?

"어떻게 하면 과학을 재미있게 전달할 수 있을까?"

이 물음의 답을 찾는 것이 지금껏 달려온 나의 임무였다. 다행히도 몇 가지 숨은 비법을 발견했고 그것은 성과로 나타났다. 내가 운영하는 유튜브 채널이 2년 만에 구독자 43만 명을 달성했으니 말이다. 아쉽게도 이 책은 내가 발견한 비법을 알려주는 책이 아니다. 그건 엄연히 영업 비밀이니까. 이 책은 나만의 비법을 이용해 독자들에게 과학을 정말 재미있게 전달하는 책이다. 이것은 매우 중요하고 가치 있는 일이다.

현대 사회는 과학 사회이다. 과학은 인간이 지구를 통제하게 해주었고 이제 그 범위를 우주로 확장시키고 있다. 지금껏 인류를 위기에서 구해낸 것은 과학이었고 위기를 초래한 것도 과학이었다. 또 그 위기를 해결한 것 역시 과학이다. 우리가 원했든 원하지 않았든 이제 과학은 우리 생활 곳곳에 스며 있고 우리 행동을 간접적으로 지배하고 있다. 현대 사회에서 과학을 알지 못한다는 건 우리를 둘러싼 세상을 보지 못하는 것과 같다.

과학적 소양이 있는 사람과 과학적 소양이 없는 사람의 시각은 다르다. '무엇이 좋은 것인가?'에 대한 대답은 하지 않겠다. 하지만 평생 지구가 거대한 거북이 등껍질인 줄 알고 살다 간 고대인들은 정말 안타깝지 않은가?

그래서일까? 현대 사회의 많은 사람들이 과학적 소양을 쌓기 위해 노력하지만 쉽지 않다. 과학의 발전은 과학을 너무 고도화했고 빠르게 변화하게 만들었다. 과학은 너무 어렵고 지루하다. 최근 들어 과학을 쉽게 전달하는 과학 커뮤니케이터의 역할이 중요하게 부각되고 있는 것은 이 때문이다. 하지만 나는 그것만으론 조금 부족하단 생각이다. 과학을 대중에게 강력하게 전달하기 위해선 재미가 필요하다. TV, 영화, 게임, 소설, 웹툰, 음악, 스포츠가 그러했듯 말이다. 과학 이야기꾼이 필요할 때이다.

이 책에는 재미있는 과학 이야기가 담겼다. 재미있다는 것이 지식이 가볍다는 뜻은 아니다. 이 책에 등장하는 과학 지식은 본래 깊고 난해한 것들이다. 그렇기 때문에 지금까지 접하지 못했던 과학일 가능성이 높다. 그렇다고 걱정할 필요는 없다. 그것을 쉽고 재미있게 전달하는 것이 이 책의 핵심이니까 말이다. 이 책에서 펼쳐지는 과학의 재미가 독자들의 과학적 소양을 쑥쑥 올려 주고 지금껏 보지 못한 새로운 세상을 펼쳐 보여주리라 기대한다.

재미를 느끼는 요소는 개인마다 조금씩 다를 것이다. 누군가는 한바탕 웃음에 재미를 느끼고 누군가는 노력 끝에 찾아오는 성취에 재미를 느낀다. 또 누군가는 아무 생각 없이 보는 것을 재미있어하고 누군가는 어려운 문제에 도전하는 것을 재미있어 한다. 그래서 이 책에는 재미를 느끼는 여러 가지 요소들을 그냥 몽땅 담았다. 어떤 이야기는 가볍고 어떤 이야기는 무겁다. 어떤 이야기는 감동적이고 어떤 이야기는 웃기다. 후반부에는 상대성 이론과 같이 약간의 도전이 필요한 지식도 담았다. 자신이 이 중 어떤 것들에 재미를 느끼는지 발견하는 것도 이 책을 감상하는 흥미로운 요소가 될 것이다.

이것으로 나의 이야기는 끝났다. 마지막으로 존경하는 과학 저술가 칼 세이건의 문장을 빌려 사랑하는 가족에게 지금껏 하지 못했던 마음을 표현하려 한다.

> "이 광대무변한 우주에서 지구라는 행성에 날 낳아주신 어머니 영옥과 동시대에 태어나 살고 있는 사랑하는 아내 정민

그리고 나의 DNA를 공유한 소중한 딸 성미에게 이 책을 바친다."

그럼 이제 재밌게 과학을 즐기시길 바란다.

차례

PART 2 한 번 들으면 계속 빠져드는 스펙터클 과학 이야기

PART 1

단번에 이해하는 지구생활자의 만만한 과학 이야기

우리는 모두 연금술사를 꿈꾼다

"이번 물품은 케인스 님께 낙찰되었습니다."

1936년 세계 3대 경매 중 하나로 영국 런던에서 열리는 소더비 경매에 한 과학자의 연구 노트가 다량 출품되었다. 이 노트는 정식 연구 논문이 아니라 낙서와 같은 개인 메모일 뿐이었는데도, 전 세계의 이목을 집중시켰다. 왜냐하면 이 노트의 주인공이 바로 근대 과학의 아버지 아이작 뉴턴이었기 때문이다.

뉴턴은 미적분학, 역학 등의 개념을 1665년과 1666년 두 해에 걸쳐 모두 완성했지만, 20년이 지나고서야 세상에 발표하게 된다. 이마저도 그의 조력자 에드먼드 핼리•의 적극적 요청과 지원이 없었다면 무산되었을 것이다. 그만큼 뉴턴은 자신의 업

적을 남들에게 알리는 것을 매우 꺼렸다. 그런데 어떻게 뉴턴의 이런 귀한 연구 노트가 다량으로 경매에 나오게 된 것일까?

1696년, 케임브리지대학 루카시안 석좌교수였던 뉴턴은 영국 조폐국 감사 자리에 임명되어, 케임브리지에서 런던으로 이사를 해야 했다. 1667년 케임브리지대학의 연구원에 임명되고부터 그곳을 떠나기까지 30년 동안 위대한 과학자 뉴턴은 그동안 얼마나 많은 메모를 작성했을까? 뉴턴은 이 방대한 양의 메모를 처리하지 못하고 그냥 철제 상자에 담아둔 채 런던으로 가버린다.

그렇게 시간이 흘러 240년 후, 뉴턴의 자필 메모가 담긴 철제 상자가 세상에 등장한 것이다.

최후의 마술사 뉴턴

뉴턴의 자필 메모를 가장 많이 낙찰받은 사람은 놀랍게도 과학자가 아닌 영국의 경제학자 존 메이너드 케인스였다. 그는 뉴턴의 메모를 절반가량이나 독차지했다. 경제학자답게 뉴턴이 작성한 메모의 경제적 가치를 한눈에 알아본 것일까? 그런데 케인스는 낙찰받은 뉴턴의 메모를 분석하던 중 매우 충격적인

• 영국의 천문학자로 핼리 혜성을 발견했으며, 뉴턴이 《프린키피아》를 출판할 때 관측 자료 제공, 출판비 부담, 교정 등 적극적인 도움을 주었다.

사실과 마주한다.

> "뉴턴은 이성의 시대에 속한 '최초의 인물'이 아니라 '최후의 마술사'였습니다. 수학과 천문학이란 뉴턴이 한 일의 극히 일부에 지나지 않으며, 가장 관심을 가진 분야도 아니었습니다. 뉴턴 자필 메모의 대부분은 연금술에 관한 내용이었습니다."

미적분학을 만들고 만물이 움직이는 원리를 법칙으로 만들어 바야흐로 과학의 시대를 연 뉴턴이 연금술에 빠져 있었다니 참 아이러니하지 않은가? 실제로 1979년 뉴턴의 머리카락을 화학 분석했는데 연금술 시약으로 널리 쓰인 수은이 다량 검출되었다. 이로써 뉴턴이 최후의 마술사였다는 케인스의 발언은 더욱더 사실로 굳어졌다. 이쯤 되면 뉴턴조차 심취한 연금술이 무엇인지 한번 알아볼 필요가 있다.

연금술은 간단하게 말하면 철, 납과 같은 값싼 물질을 금, 은과 같은 값비싼 물질로 만드는 비술이다. 누구든지 성공만 하면 일확천금의 부자가 될 수 있기에 고대부터 중세에 이르기까지 약 2천 년 동안이나 인류는 이 비술을 발견하기 위해 혈안이 되어 있었다. 연금술에 한 번 빠져든 사람들은 일평생 밤낮으로 물질들을 녹이고 섞고 분리하다 생을 마감하기 일쑤였다.

그런데 조금 이상하지 않은가? 2천 년 동안 연금술에 성공한 사람은 아무도 없었다. 아무리 보상이 훌륭하다고 해도 이 정도면 연금술은 불가능하다고 판단하는 것이 옳다. 만물의 영장이라 불리는 인간이라면 그 정도의 지적 판단은 할 수 있기 때문이다. 그런데 왜 사람들은 희망 없는 연금술에 그토록 오랫동안 달려들었던 걸까?

사람들의 이런 맹목적 믿음은 때론 그 시대가 가지고 있는 과학 패러다임에서 나온다. 고대에서 중세에 이르기까지 물질에 대한 인류의 생각은 아리스토텔레스의 4원소설이었다. 고대 그리스 철학자 엠페도클레스의 원소설을 계승한 아리스토텔레

4원소설

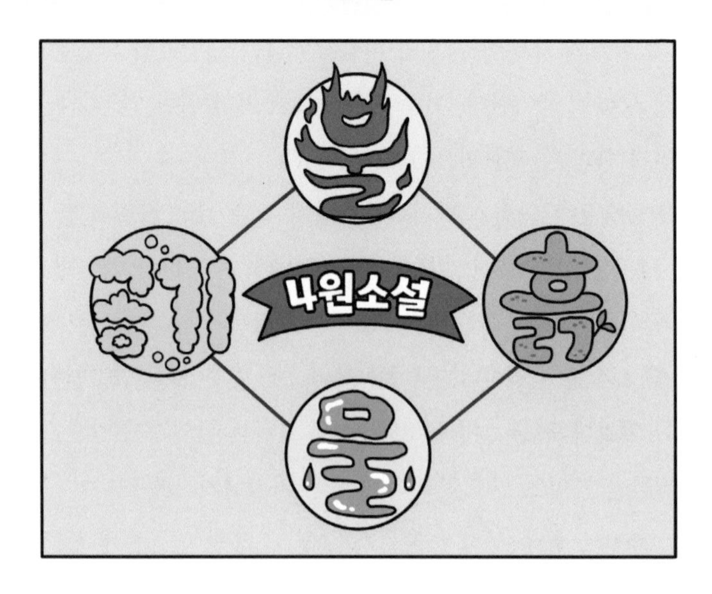

스는 만물이 물, 불, 흙, 공기의 네 가지로 이루어졌다고 주장했다. 우리 주위의 물질들은 모두 물, 불, 흙, 공기가 적절하게 결합한 결과라는 것이다. 또한 아리스토텔레스는 네 가지 원소들이 서로 적극적으로 변환한다고 주장했다. 예를 들어 당시 물을 유리 용기에 넣고 불로 가열하여 끓이면 약간의 흙이 남았다. 이것은 물이 흙으로 변환했다는 강력한 증거가 되었다.

물질을 구성하는 근본 원소들이 서로 변환할 수 있다는 이런 과학적 믿음이 2천 년 동안이나 실패를 거듭했던 연금술에 계속 도전하게 만드는 원동력이 된 것이다.

연금술의 종말

수천 년간 지속되어온 연금술도 종말의 시기를 맞이한다. 뉴턴에 의해 근대 과학이 싹트면서 화학 분야에도 큰 변화가 일어났다. 그리고 그 중심에는 '화학 혁명'을 일으킨 라부아지에가 있다. 라부아지에는 물질을 구성하는 근본 원소는 더 이상 다른 물질로 분해되지 않아야 한다고 생각했다. 그런데 그 당시 공기는 이산화탄소, 질소, 산소 등으로 분해되었기 때문에 4원소설의 원소 중 하나인 공기는 원소가 될 수 없었다. 물 역시 수소와 산소로 분해될 수 있기에 원소가 될 수 없었다. 또한 라부아지에는 유리 용기에 물을 넣고 가열했을 때 생성되는 흙이 유리가 녹아서 생긴 것을 알아냈다. 생성된 흙의 무게가 감소한 유리 용기의 무게와 똑같았기 때문이다.

라부아지에가 생각한 원소는 서로 변환되지 않았다. 라부아지에는 4원소설에서 이야기하는 물, 불, 흙, 공기 같은 추상적 개념의 원소를 벗어 던졌다. 그리고 다음과 같이 원소를 재정의 했다.

'현재 기술로는 더 이상 분해할 수 없고 서로 변환되지 않는 구체적 물질.'

그렇게 1789년 라부아지에는 '화학 원론'을 통해 우리 세계를 구성하는 기본 물질로 33종의 원소를 발표했다. 그리고 이 안에 '금'이 있었다.

라부아지에는 33종의 원소가 절대 분해되지 않는다고 말하지 않았다. 단, 라부아지에는 원소가 '현재 기술'로 더 이상 분해되지 않는 것이란 조건을 달았다. 따라서 금은 다른 물질로 분해될 수 있고 다른 물질로 조합될 수 있는 가능성도 분명 남아 있었다. 하지만 이후 사람들의 머릿속에는 원소는 다른 물질로 변환되지도 분해되지도 않는 것이라는 생각이 점차 커졌다. '금은 반드시 만들 수 있다'와 '금이 만약 원소라면 만들 수 없다'의 차이는 굉장히 컸다. 이후 꺾일 줄 모르던 연금술 도전 열기는 실패가 늘어날수록 사그라들기 시작했다. 결국 연금술은 '인간의 욕망이 빚어낸 허황된 꿈'이란 오명을 안은 채 역사 속으로 사라지게 된다.

원소 주기율표

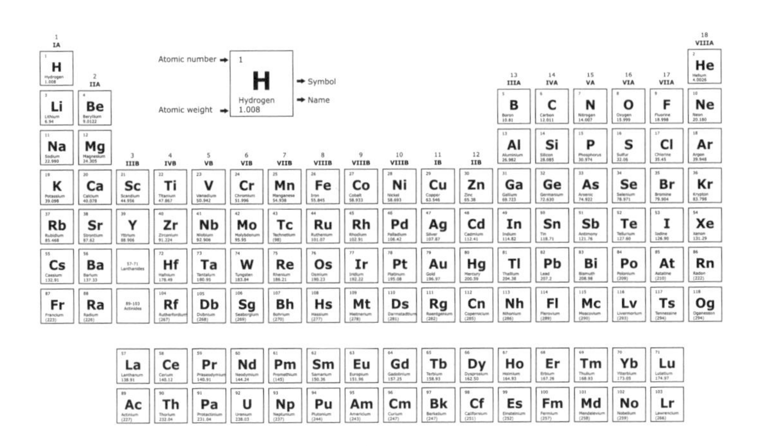

우리는 이제 누구나 학창 시절에 원소의 가장 작은 단위인 원자를 배운다. 원자는 물질을 쪼개고 쪼개고 또 쪼개고 계속 쪼갰을 때 더 이상 쪼개지지 않는 가장 작은 크기의 입자를 말한다. 더 이상 쪼개지지 않기 때문에 원자가 다른 원자로 바뀔 수 없는 것은 당연하다. 세상은 총 118개의 원소로 이루어졌고 우리는 이것을 주기율표라는 곳에 담았다.

주기율표의 79번 자리가 바로 금이다. 원소, 원자의 개념에 대해 알고 있고 금이 그중 하나라는 것을 잘 아는 우리가 생각할 때 연금술사들은 불가능에 도전한 어리석은 사람들처럼 보인다. 탐욕에 빠져 미신과 같은 비술을 찾기 위해 인생을 낭비한 사람들처럼 말이다. 그런데 정말 그러할까?

납이 진짜 금으로 바뀌었다고?

1972년 소련 핵 연구 시설의 물리학자들은 우연히 어떤 현상을 발견한다. 2천 년 넘게 연금술사들이 찾아오던 바로 그것, 납이 금으로 바뀐 것이다. 핵 연구 시설의 실험용 원자로에는 방사선이 부딪치는 납이 존재하는데 납의 일부가 방사선 충돌로 금으로 바뀐 것이다. 이 소식을 접한 노벨화학상 수상자 글렌 시보그는 1980년, 입자 가속기를 이용해 비스무트 원자를 금으로 바꾸는 데 성공한다. 드디어 인간이 의도적으로 금을 만든 것이다. 어떻게 이것이 가능했던 것일까?

학창 시절에는 원자를 더 이상 쪼갤 수 없는 물질로 배웠지만 사실 원자는 1897년, 케임브리지대학에 있는 캐번디시연구소의 조셉 존 톰슨에 의해 쪼개졌다. 사실 더 정확히는 그 이전부터 쪼개졌다. 1869년, 독일의 과학자 요한 히토르프는 진공관 양쪽 끝에 강한 전압을 가하면 어떤 광선이 나온다는 사실을 발견했다. 과학자들은 이것을 '음극선'이라고 불렀다. 톰슨은 이 광선이 빛이 아니라 입자의 흐름이라는 것을 알아냈다. 이것은 매우 놀라운 결과였다. 당시의 과학자들에게 원자는 더 이상 쪼개질 수 없는 것이었다. 그런데 음극선은 입자의 흐름이다. 그러면 진공관 양쪽 끝에서 원자가 튀어나온 것일까? 원자는 아니었다. 그렇다면 무엇이란 말일까?

톰슨은 이것을 아주 작은 입자를 뜻하는 '소체corpuscles'라고

원자모형

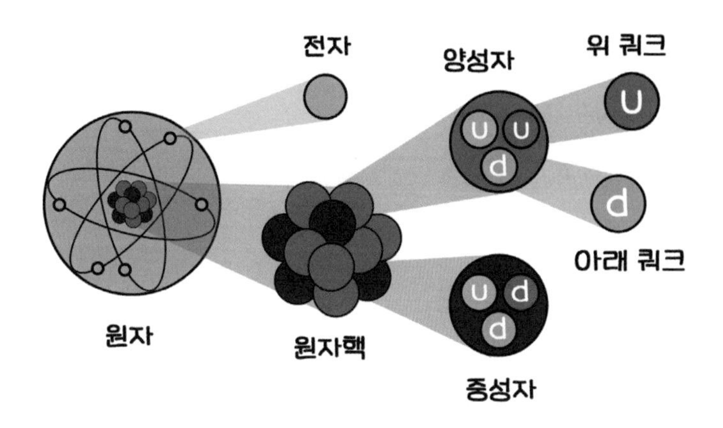

불렀다. 소체는 원자에서 튀어나온 것으로 원자가 쪼개진 것이다. 톰슨의 소체는 훗날 우리가 아는 '전자'라는 이름으로 바뀐다. 현대 과학은 원자가 양전기를 띠는 원자핵과 음전기를 띠는 전자들로 이루어졌다는 것을 알고 있다. 원자핵은 원자의 중심에 위치하고 전자들은 그 주위를 감싸고 있다. 또 원자핵은 양전기를 띠는 양성자와 아무런 전기도 띠는 않는 중성자로 이루어졌다. 다시 양성자와 중성자는 쿼크라 불리는 입자들이 결합해서 이루어진다.

현대 과학이 현재까지 알아낸 바로는 우리 세계는 몇 가지 기본 입자들에 의해 이루어진다. 이것은 '표준 모형'이라 불리

표준모형

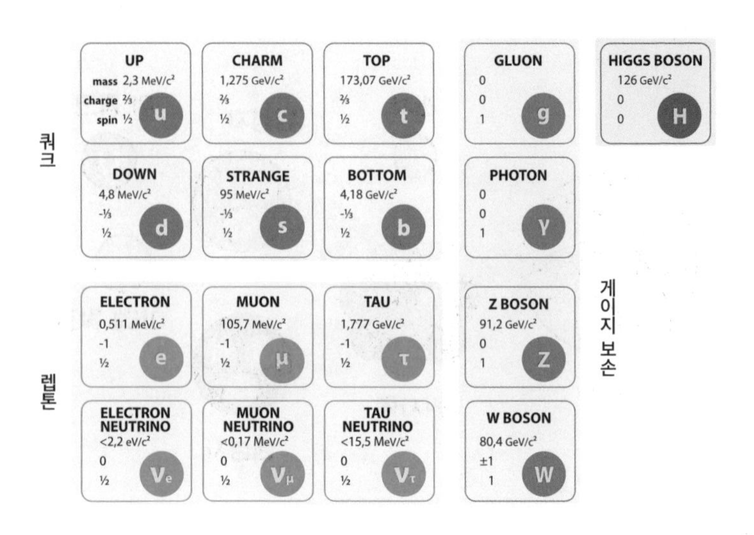

는 이론에 담겨 있다. 여기에는 위의 그림과 같이 6종류의 쿼크, 6종류의 렙톤, 5종류의 게이지 보손, 그리고 힉스 보손으로 18개의 입자가 있다. 또 각각의 입자에는 반입자가 존재하는데 여기서는 다루지 않겠다.

금의 원자 번호는 79번이다. 이것은 금 원자의 가운데에 위치한 원자핵 안의 양성자 수가 79개라는 뜻이다. 비스무트의 원자 번호는 83번이다. 자세한 과정은 매우 복잡하지만 간단하게 생각해보면 비스무트 원자의 원자핵 속 양성자를 4개만 없앨 수 있다면 비스무트 원자는 금이 된다. 어떻게 없앨 수 있을까?

K-콘텐츠의 위력을 전 세계에 보여준 넷플릭스 드라마 〈오

징어 게임〉을 보면 구슬치기가 나온다. 나도 어릴 땐 친구들과 구슬치기를 즐겨 했다. 〈오징어 게임〉에는 나오지 않았지만 내가 했던 구슬치기 중에는 이런 방식도 있었다. 구덩이 안에 상대방과 나의 구슬들을 넣고 멀리서 번갈아 구슬을 던진다. 그리고 구덩이 안의 구슬들을 맞춰 바깥으로 튕겨 나온 구슬들을 차지하는 방식이다. 원자핵 속 양성자를 없애는 원리도 이와 비슷하다. 입자 가속기를 통해 매우 빠른 입자를 발사시켜 원자핵과 충돌시킨다. 그리고 원자핵 내부의 입자들에 변화를 만들어 낸다. 물론 이 안에서 일어나는 과정은 매우 복잡하다. 하지만 큰 그림은 구슬치기와 다를 바 없다.

우리는 모두 자기 삶의 연금술사다

연금술사들의 끊임없는 도전은 현대 화학이 발전하는 밑거름이 되었다. 연금술사들은 연금술을 시도하는 과정에서 수많은 원소들을 발견하고 원소들의 성질을 밝혀냈다. 또 화학 발전을 이끈 많은 실험 도구들이 연금술사들에 의해 창조되고 개량되었다. 연금술은 사라진 것이 아니라 화학이란 이름으로 바뀌어 계속 흘러갔던 것이다. 그리고 끝내 납을 금으로 바꾸는 데 성공하지 않았는가? 또 양성자와 중성자를 구성하는 기본 입자인 쿼크조차 핵이 분열할 때 바뀐다. 이 정도면 정말 우리 세계에 바뀌지 않는 건 없다고 봐야 하지 않을까.

그런데 왜 우리 현실은 온통 바뀌지 않는 것투성이로 보일까? 글렌 시보그가 입자 가속기를 통해 만들어 낸 금은 10원어치 정도의 극소량이었다. 그럼 이 양을 만들기 위해 얼마의 비용이 들어갔을까? 자그마치 6만 달러다. 아직까지 금값이 매우 비싼 것을 보면 당연히 예상했던 결과지만 우리는 여기서 한 가지 사실에 주목해야 한다. 바로 무언가를 바꾸는 데는 많은 비용이 필요하다는 것이다. 바꾸려는 목표가 귀하고 중요할수록 더욱 많은 비용을 치러야 한다. 비용은 노력이 될 수도, 돈이 될 수도, 고통이 될 수도 있다.

당신이 절대 바뀌지 않는다고 생각하는 것이 있는가? 어쩌면 그것을 바꾸기 위해 당신이 지불한 대가가 부족했기 때문일지도 모른다. 무언가를 바꾸기 위해서는 당신의 생각보다 더 많은 대가를 지불해야 한다. 하지만 이 세상에 절대 바뀌지 않는 것은 없기에 포기하지 말고 도전한다면 당신은 결국 성공할 것이다. 연금술사들이 끝끝내 성공했듯 말이다.

이 세상에서 가장 강력한 무기는 무엇일까?

인류 역사상 가장 강력한 무기는 무엇이라고 생각하는가?
정유재란 때 옥중의 이순신을 구명하는 상소를 올렸던
약포 정탁의 문집 《약포집》에 따르면
조선의 최종병기 편전의 유효 사거리는 240m였다.

무려 축구장 두 개를 건너서 적을 물리친 것이다.
그래 봤자, 대한민국 남자들이 군대에서 사용한
K2 소총 유효 사거리의 3분의 1밖에 안 되지만 말이다.

십자군을 벌벌 떨게 했던 이슬람의 지도자
살라딘의 다마스쿠스 검은
전설에 따르면 적의 강철 갑옷과 칼까지 잘라버렸다고 한다.

그럼 오늘날 한번 당신이 상상할 수 있는
최강의 총과 칼을 떠올려보자.

영화 <원티드>에선 수 킬로미터 떨어진 적을 총으로 저격한다.

<스타워즈>의 광선검은 강철 문도 싹둑 잘라버린다.

당신이 상상한 무기는 이것보다 뛰어난가?

하지만 단언컨대 당신의 상상은
과학자들이 가지고 있는 것에는 못 미칠 것이다.

과학자들이 사용하는 총의 총알은
반경 0.00000000000000084m인 양성자이다.
속도는 무려 광속의 99.999999%에 달한다.

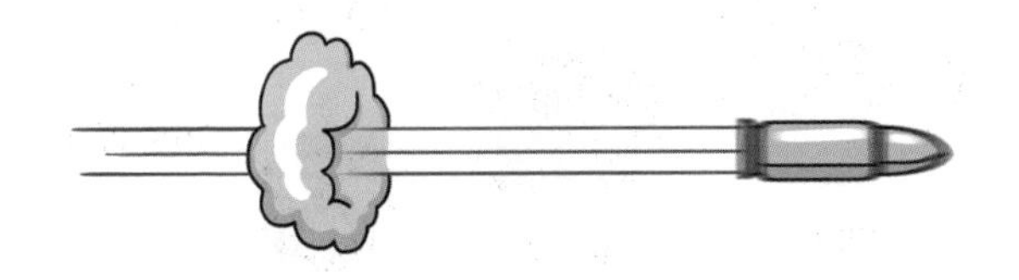

정확도는 지구에서 달 표면 파리의 오른쪽 눈을 조준해
왼쪽 눈을 맞추는 정도다.

광선검이 분자를 잘랐다면 이것은 원자핵 속의
양성자까지 갈라버린다. 갈라버린 그곳엔 쿼크가 있었다.

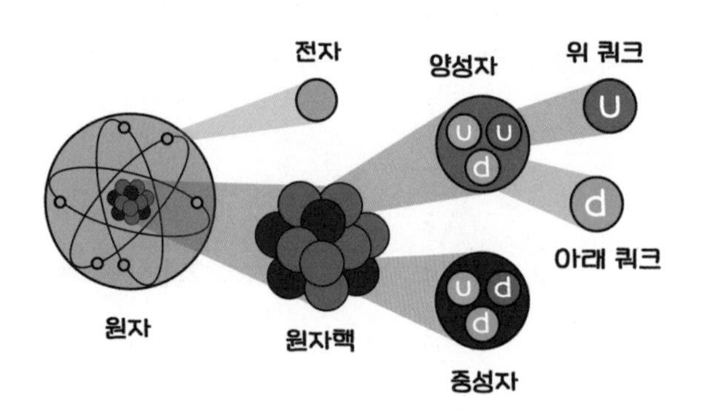

이것은 바로 유럽입자물리연구소(CERN)에서 건설한
대형강입자충돌기(LHC)이다.
LHC는 1998년부터 2008년까지 100개국 이상의 나라에서
1만 명 이상의 과학자와 공학자가 공동으로 건설했다.

이 LHC를 통해 물질의 질량을 부여하는 신의 입자,
힉스 보손을 증명했다.

진짜 무기가 아니라 실망했는가?

하지만 LHC 역시 총이나 칼처럼 양성자를 쏴서
입자를 맞추고 쪼갠다. 이것을 통해 우린
세상을 구성하는 가장 기본적인 입자들을 탐구할 수 있는 것이다.
그러니까 LHC는 어떤 무기보다 인류를 강하게 만드는
틀림없는 인류 최강의 무기이다.

뜨거웠던 우리가
이별한 이유는 따로 있다

"우리 이제 그만 만나자"

그녀의 차가운 목소리가 수화기 너머로 들렸다. 어느 쓸쓸한 가을밤, 유달리 뜨겁던 지난여름을 함께 보낸 우리는 그렇게 헤어졌다.

우리는 원래 고등학교 동창이었다. 친한 사이는 아니었지만 학창 시절 종종 연락을 주고받던 우리는 서로 다른 대학교에 진학하며 연락이 완전히 끊겼다. 여름과 겨울이 여러 번 바뀌었고 그사이 군대도 다녀왔다. 고등학교가 기억에서 사라질 때쯤, 여름 방학을 맞아 고향에 내려갔던 나는 그녀를 우연히 만났다. 우리는 뜨겁게 서로 사랑했고 그해 여름은 유독 짧았다.

그런데 연인들 사이에는 유명한 격언이 있지 않은가.

'몸이 멀어지면 마음도 멀어진다.'

방학이 끝나 각자의 대학으로 돌아간 우리는 조금씩 뜨거웠던 마음이 식었고 결국 차가워진 마음은 우리를 이별하게 만들었다.

우리는 살면서 사랑하는 가족이나 연인과 멀리 떨어져야 하는 상황에 처한다. 학업을 위해서, 직장 생활을 위해서, 또는 나라를 지키기 위해서. 그런데 함께 있을 때 따뜻하고 애틋했던 마음은 몸이 떨어져 보내는 시간이 늘어날수록 조금씩 차가워진다. 이것은 자연의 법칙도 마찬가지다.

우리에게 뜨거움을 느끼게 하는 열은 전도, 대류, 복사라는 세 가지 방식으로 전달된다. 교실에 있는 난로를 생각해보자. 난로에 손을 직접 가져다 대면 '앗 뜨거!' 하고 뜨거움을 느낀다. 이렇게 물질 간의 직접적 접촉에 의한 열전달을 '전도'라고 부른다. 난로를 켜고 오랜 시간이 지나면 교실 전체가 따뜻해진다. 난로에 의해 뜨거워진 공기들이 교실 전체를 순환하며 열을 전달하기 때문인데, 이것을 '대류'라고 부른다.

마지막으로 난로 곁에 있을 때 얼굴에 뜨거운 열기가 느껴지는 것이 있다. 난로에서 발생한 전자기파가 우리 얼굴로 날아와 열을 전달하는 것인데 이것을 '복사'라고 부른다. 지구로부터 아주 멀리 떨어진 태양이 지구에 뜨거운 열을 전달하는 방법이 바로 이 '복사'다. 복사에 의한 열은 거리가 멀어질수록 작아진다. 뜨거운 난로 가까이에 있을 때는 얼굴이 매우 뜨겁지만 조금만 떨어져도 뜨거움 대신에 기분 좋은 따뜻함이 느껴지지 않는가? 조금 더 멀리 떨어진다면 난로에서는 이제 더 이상 뜨거움이 느껴지지 않는다. '거리가 멀어지면 마음이 식는다'라는 삶의 격언은 이러한 자연의 법칙과 통하는 듯하다. 그런데 사실 우리가 놓치고 있는 중요한 사실이 있다.

태양과 여름, 겨울

뜨겁고 차가움의 대표적인 자연현상은 여름과 겨울이다. 여름은 뜨겁고 겨울은 춥다. 그런데 왜 그럴까? 지구가 태양 주위를 도는 공전 궤도는 완벽한 원형이 아니라 타원형이다. 동그란 원의 양 끝을 잡아 살짝 잡아당겨 늘렸다고 생각하면 된다. 태양은 타원의 중심이 아니라 잡아 늘린 방향의 한쪽으로 조금 치우쳐 있다. 이곳을 타원의 초점이라 부른다. 지구는 태양을 초점으로 타원 궤도를 따라 공전한다.

공전 궤도가 완벽한 원이 아니기 때문에 태양 주변을 공전하는 지구는 어느 순간 태양과 가장 가까운 곳에 있고 어느 순간에는 태양과 가장 먼 곳에 있다. 교실의 난로와 가까울 땐 뜨겁

지구의 공전 궤도

고 멀 땐 추웠던 것처럼 태양과 가장 가까울 때가 여름이고 가장 멀 때가 겨울이라고 생각하기 쉽다.

하지만 북반구에 사는 우리의 경우 지구가 태양과 가장 가까울 때가 겨울이고, 가장 멀 때가 여름이다. 호주와 같은 남반구에 위치한 나라들은 우리와 계절이 반대이지만 어쨌든 태양과 지구와의 거리가 더운 여름과 추운 겨울을 결정하는 것은 아니다. 왜 그럴까? 태양이 지구와 가장 멀 때의 거리는 대략 1억 5,300만km이고, 가장 가까울 때의 거리는 대략 1억 4,800만km이다. 무려 500만km 차이라니, 엄청난 거리가 차이 나는 것 같지만 사실 그렇지도 않다.

만약 교실의 난로와 내가 1m 떨어져 있는 것을 태양과 가장 가까울 때 지구의 위치라고 한다면 가장 멀리 있을 때는 내가 난로에서 1m보다 겨우 3cm 더 떨어진 위치에 있는 것과 같다. 그래서 거리의 차이에 의해서 감소하는 열에너지를 생각해보면 태양이 가장 가까울 때보다 태양이 가장 멀 때 지구가 받는 열에너지는 겨우 6% 감소할 뿐이다. 물론 태양의 에너지는 엄청 크기 때문에 6%의 차이는 절대적으로는 많은 양이다. 하지만 지구가 받는 열에너지 차이의 가장 큰 원인은 따로 있다. 그것은 바로 지구 자전축의 삐딱함이다.

지구 자전축은 공전 궤도면에 수직인 선에서 23.5도 기울어져 있다. 지구는 약간 삐딱하게 기울어진 자세로 태양 주위를

지구 위치에 따른 일광량

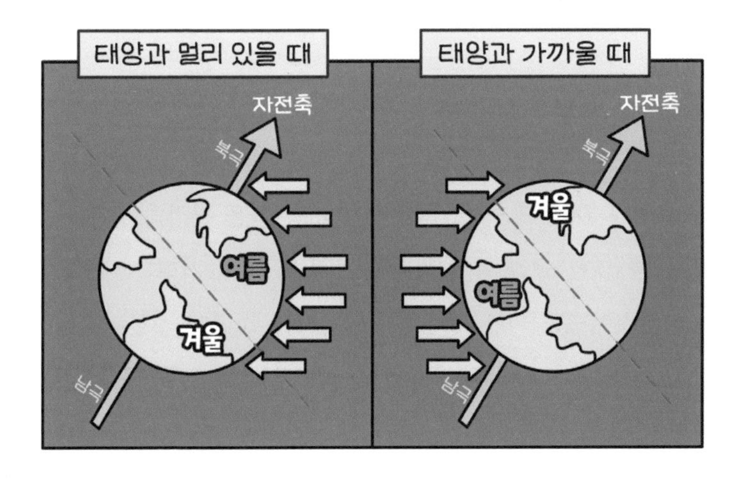

기울어진 면이 받는 빛의 양

돌고 있는 것이다. 기울어진 자전축 때문에 지구가 태양과 가장 먼 위치에 있을 때 북반구는 지면이 태양빛을 수직하게 만나게 되고 가장 가까운 위치에 있을 때는 비스듬하게 만나게 된다.

남반구는 우리와는 반대다. 빛을 받는 지면이 기울어진다는 것은 받는 빛의 양이 작아진다는 것을 의미한다. 일정한 면적의 지면이 빛을 수직하게 받고 있다고 생각해보자. 현재 수직하게 내리는 모든 빛이 지면과 만나고 있다고 가정한다. 이제 빛을 받고 있는 지면을 기울여보자. 지면이 기울어질수록 지면은 모든 빛을 받아내지 못하고 양옆에는 빠져나가는 빛들이 생기게 된다. 일정한 면적의 지면이 받는 빛의 양이 줄어드는 것이다.

거리보다 더 중요한 것

이 효과는 매우 크기 때문에 지구에서 태양빛을 수직하게 받는 지역보다 태양빛을 비스듬하게 받는 지역이 32%나 적게 열 에너지를 받는다. 또 태양빛이 땅에 수직하게 비출 때는 태양이 뜨고 질 때까지의 시간이 길다. 더 오랫동안 지면에 열을 공급하기 때문에 더 많이 뜨거워질 수 있다. 그러니까 여름이 덥고 겨울이 추운 이유는 태양과의 거리와는 상관이 없다. 진짜 중요한 이유는 태양을 바라보는 지구의 기울어진 '각도' 때문인 것이다.

사랑하는 가족, 연인과 떨어지면서 우리는 굳은 약속을 한다.

"자주 연락하고 주말마다 내려올 테니까 걱정하지 마."

헤어질 때 뭉클했던 마음은 새로운 환경에 적응을 하면서 어느새 흐릿해진다. 시간이 지나면서 현재 생활에 익숙해지고 새로운 사람들과의 약속도 늘어난다. 그러다 보면 밀린 과제와 업무가 우리를 기다리고 있다. 그렇게 연락이 점점 뜸해지거나 성의 없는 메시지만이 쌓여 간다. 어떨 때는 바빴다고 거짓말을 하기도 한다. 그렇게 오해와 의심이 시작되고 상대에게 실망도 하며, 서로의 마음은 점차 차갑게 식어간다.

지금 사랑하는 연인, 소중한 사람들과 멀리 떨어져 있는가? 그렇다면 명심해야 한다. 마음이 식는 이유는 거리가 아니라 바로 상대를 대하는 각도라는 사실을. 우리가 서로를 대하는 각도를 바로 할 때 마음은 결코 차갑게 식지 않는다.

눈사람도 두꺼운 패딩 점퍼를 입고 싶을까?

나는 눈 내리는 날이면
항상 해야 하는 일이 있다.

바로 다섯 살 딸과 눈사람을 만드는 일이다.

아주 귀찮… 아니 정말 행복한 시간이다.

딸의 동심을 지켜주기 위한 아빠의 노력이다.
나는 좋은 아빠가 틀림없다.

그런데 딸의 반응이 예상과 달랐다.

역시 내 딸이다. 하지만 사실 딸의 말은 틀렸다.
우리는 옷을 입으면 따뜻함을 느낀다.
그런데 옷은 열을 스스로 만들어 내지 않는다.

옷이 따뜻한 이유는 몸에서 생성되는 열이
밖으로 빠져나가지 않게 막아 주기 때문이다.

그런데 눈사람은 얼음이라 영하의 온도를 가진다.
눈사람이 녹는다는 것은 바깥 기온이 0도 이상이라
바깥에서 열이 눈사람으로 전달되기 때문이다.

눈사람이 옷을 입으면
바깥의 열이 안으로 전달되는 것을 막아준다.
그래서 옷을 입지 않았을 때보다 더 천천히 녹게 된다.

우리가 매우 따뜻하다고 생각하는 두꺼운 패딩일수록
더 효과가 좋다. 눈사람에게 이것은 매우 시원한 옷인 것이다.

이번 겨울에는 눈사람에게 어떤 옷을 주고 싶은가?

10km에서 추락하고 살아남은 사람의 비밀

1972년 1월 26일 오후 2시 30분, 스톡홀름에서 출발해 코펜하겐, 자그레브를 거쳐 베오그라드로 향하는 JAT 항공 367편이 첫 번째 경유지인 코펜하겐 공항에 도착했다. 코펜하겐에서 JAT 항공 367편의 승무원들이 새롭게 교체되어 탑승했는데, 그 중 한 명이 베스나 불로비치였다. 오후 3시 15분, 28명이 탑승한 JAT 항공 367편은 코펜하겐 공항을 출발해 자그레브로 향하였다. 너무나 순조로운 비행이었다. 원래 불로비치는 이 비행기에 탑승할 예정이 아니었다. 동명이인을 착각한 회사의 실수로 일정에 없던 비행을 하게 된 것이었다. 하지만 그 덕에 난생처음 코펜하겐을 구경하게 되어 신이 나 있었다.

45분의 시간이 흐르고 비행기는 상공 10,160m에 떠 있었다.

그때 전방 화물칸에서 큰소리와 함께 폭발이 일어났다. 비행기는 두 동강이 났고 그대로 추락했다. 무려 10km 높이에서의 추락이었다. 이러한 추락사고에서 살아남는 것은 불가능에 가깝다. 그런데 놀랍게도 한 명의 생존자가 있었다. 바로 베스나 불로비치다. 그는 어떻게 10km의 높이에서 추락하고도 살 수 있었을까?

A, A+B 누가 더 빨리 떨어질까?

과거에는 무거운 물체가 가벼운 물체보다 더 빨리 떨어진다고 생각했다. 누군가는 '그게 틀렸어?' 하고 놀랄지도 모른다. 기죽지 않아도 된다. 이러한 생각은 경험에서 나오는 당연한 결과이기 때문이다.

고대 그리스의 철학자 아리스토텔레스도 무거운 물체가 가벼운 물체보다 더 빨리 떨어진다고 생각했다. 이러한 생각은 2천 년 가까이 이어져 오다가 1600년대에 이탈리아의 과학자 갈릴레오 갈릴레이의 공격을 받는다. 갈릴레이는 간단한 사고실험을 통해 아리스토텔레스의 주장을 반박했다.

무게가 다른 두 물체 A, B가 있다. A는 B보다 무겁다. 아리스토텔레스의 주장대로라면 무거운 물체 A가 가벼운 물체 B보다 더 빨리 떨어져야 한다. 그럼 만약 A와 B를 끈으로 묶어 둔다면

물체 A, B, C

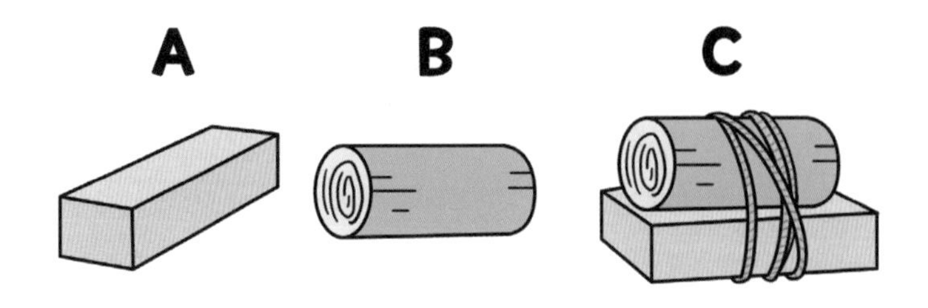

어떨까? A와 B를 끈으로 묶은 것을 C라고 해보자. C는 A와 B보다 더 무거운 물체이다. 그렇다면 C는 가장 빨리 떨어져야 한다.

그런데 C의 상황을 잘 살펴보자. C는 A와 B가 서로 붙잡고 있는 것과 같다. 그런데 A는 B보다 빨리 떨어지니 B는 A가 떨어지는 것을 붙잡고 방해하게 된다. '나 좀 데려가' 하면서 말이다. 결국 A는 혼자 떨어질 때보다 더 늦게 떨어지게 된다.

당신이 2인 3각 경기를 하는데 파트너가 당신보다 느리다면 혼자 뛸 때 보다 당연히 느리지 않겠는가? 그럼 A와 B가 묶인 C는 가장 무거운데도 불구하고 가장 빨리 떨어지는 물체가 아니라는 결론이 나온다. 따라서 아리스토텔레스의 주장은 틀렸다. 모든 물체는 똑같이 떨어진다. 무겁든 가볍든, 뚱뚱하든 날씬하든, 잘생겼든 못생겼든 상관없이 공평하다. 항상 똑같이 떨어진다.

물체가 떨어지는 속도는 모두 1초에 대략 9.8m/s씩 빨라진다. 그래서 당신이 공중에서 떨어진 지 10초가 지났다면 98m/s가 될 것이다. 98m/s를 바꿔 말하면 시속 352.8km이다. 10초 만에 당신은 KTX보다 빨라지게 된다. 높은 곳에서 떨어질수록 위험한 이유는 바로 이 때문이다. 점점 속도가 빨라지는 것. 당신이 5m 높이에서 떨어진다면 아마 다리가 부러질 것이다. 하지만 받은 충격을 몸 전체로 분산시켜주는 파쿠르 낙법을 할 줄 안다면 멀쩡할지도 모른다.

그럼 100m 높이에서 떨어지면 어떨까? 아래 에어백이 설치되어 있으면 살지도 모른다. 그럼 1km는 어떨까? 이제 에어백은 당신의 생존에 별 도움이 안 될 것이다. 이것도 확실하지 않다면 그럼 10km는 어떨까? 이제 죽음이 확실한가? 단순 계산한다면 바닥에 충돌까지 걸리는 시간은 45초, 충돌 속도는 무려 시속 1,593km이다. 비행기 속도의 2배와 비슷하니 에어백이 있든 없든 이건 확실히 죽는다. 동의하는가? 그런데 사실 이건 틀렸다.

떨어지는 물체에 작용하는 세 가지 힘

물체가 떨어지는 이유는 지구가 물체를 잡아당기는 중력 때문이다. 중력은 물체가 무거울수록 크다. 정확히 말하자면 물체가 무거운 이유가 중력 때문이고, 중력은 질량이 큰 물체일수록 크다. 질량은 물질이 가지고 있는 고유한 성질이라고 할 수 있으며, 자연의 작동원리 중 중요한 두 가지를 결정한다. 먼저 질량이 있는 물체는 서로 잡아당기는 성질을 가지고 있다. 뉴턴은 이것을 '만유인력'이라고 불렀고, 아인슈타인은 '시공간의 굴곡' 때문이라고 하였다. 우리는 뉴턴의 설명을 따를 것이다. 왜냐하면 만유인력이 좀 더 쉽기 때문이다.

우리가 일상생활에서 만유인력을 못 느끼는 이유는 그 힘이 매우 작기 때문이다. 당신과 내가 1m 간격으로 떨어져 있다면 우리가 서로 잡아당기는 힘은 0.0000003N 정도다. 이 힘을 만약 작은 사과 한 개 정도 무게로 느낀다면 실제 작은 사과 한 개의 무게는 600톤급 경비함의 무게가 되어야 한다. 하지만 만유인력은 질량이 클수록 커지기 때문에 지구와 같은 거대 질량의 물체와 서로 잡아당길 때는 매우 강하다. 이때의 만유인력을 우리는 중력이라고 부르는 것이다.

지구와 지구 위 물체 사이에 작용하는 만유인력을 생각해보자. 지구의 질량은 변하지 않기 때문에 물체의 질량이 클수록 지구가 잡아당기는 만유인력이 커진다. 그래서 질량이 큰 물체일수록 중력이 큰 것이고 무거운 것이다.

그러면 이제 한 가지 이상한 점을 느낀다. 분명 무거운 물체일수록 지구가 더 세게 잡아당기는 것인데 왜 땅으로 떨어지는 속도는 무거우나 가벼우나 차이가 없다는 것일까? 그것은 질량의 두 번째 성질 때문이다. 질량은 물체의 현재 운동 상태를 그대로 유지하게 하려는 성질을 갖고 있다. 이를 '관성'이라고 부른다. 물체의 관성은 질량이 클수록 크다. 그래서 물체의 질량이 클수록 힘을 가해도 속도가 천천히 변한다. 무거운 자동차를 밀 때 속도가 천천히 변하는 이유와 몸무게가 많이 나가는 사람이 빠르게 달리다가 갑자기 멈추기 어려운 이유가 이것 때문이다. 그런데 이것과 떨어지는 속도가 똑같은 것이 어떻게 관련이 있다는 걸까?

한 남자가 높은 빌딩의 옥상 난간에서 양손을 바깥의 허공으로 뻗고 있다. 한 손에는 사과를 쥐고, 다른 한 손에는 사과 모양의 쇳덩어리를 쥐고 있다. 이제 양손을 가만히 편다. 중력은 두 물체를 아래로 잡아당긴다. 질량이 작은 사과에는 작은 중력이 작용하고, 질량이 큰 사과 모양 쇳덩어리에는 큰 중력이 작용한다. 그런데 질량이 작은 사과는 운동 상태를 유지하려는 성질이 작아 작은 중력에도 속도를 빠르게 증가시킬 수 있고, 질량이 큰 사과 모양 쇳덩어리는 운동 상태를 유지하려는 성질이 강해 중력이 커도 속도가 빠르게 증가하지 않는다.

놀랍게도 질량이 중력을 증가시키는 비율과 속도 변화를 천천히 만드는 비율이 똑같다. 예를 들면 질량이 2배 증가하면 중력이 2배 증가한다. 그럼 2배 더 강하게 잡아당기므로 물체의 속도 변화가 2배 빨라져야겠지만 2배 증가한 질량은 속도 변화를 정확히 2배 느리게 한다. 그래서 둘의 효과는 서로 상쇄되고 중력을 받는 물체는 질량과 상관없이 항상 똑같은 속도 변화를 가지고 떨어지는 것이다. 그런데 여기서 한 가지 중요한 문제가 있다. 떨어지는 물체에는 중력뿐만 아니라 다른 힘도 작용한다는 것이다.

우리 집 아이가 놀이동산에 가면 항상 그냥 지나치지 못하는 것이 있다. 바로 헬륨을 넣어 위로 떠오르는 풍선이다. 헬륨 풍선이 위로 떠오르는 이유는 공기가 헬륨 풍선을 밀어 올리는 '부력' 때문이다. 마찬가지로 공기 중에서 떨어지는 물체도 이런 부력을 받는다. 또 자전거를 탈 때 강한 바람이 얼굴을 때리는 것을 느꼈을 것이다. 하지만 자전거를 멈추면 바람은 사라진다. 바람은 우리가 자전거를 탈 때만 생기고 정확히 우리가 가는 방향의 반대 방향으로 불어온다. 이것을 '공기저항'이라고 하는데, 이는 실제로 바람이 부는 것이 아니라 우리가 공기와 부딪치면서 앞으로 이동하기 때문에 발생하는 저항이다.

이처럼 떨어지는 물체에는 부력, 공기저항, 중력 이 세 가지 힘이 작용한다. 부력은 약하기 때문에 물체의 낙하에 큰 영향력이 없다. 그래서 물체의 낙하는 아래로 잡아당기는 중력과 그것에 저항하는 공기저항의 싸움이라고 볼 수 있다. 우리가 천천히 걸을 땐 공기저항을 잘 느끼지 못하지만 고속도로에서 창문 밖으로 주먹을 쥐고 팔을 뻗는다면 매우 강력한 힘을 느낀다. 속도가 빠를수록 더 많은 공기 입자들과 더 강하게 충돌하게 되고 저항이 커지는 것이다. 이때 주먹 쥔 손을 활짝 편다면 당신은

세 가지 힘

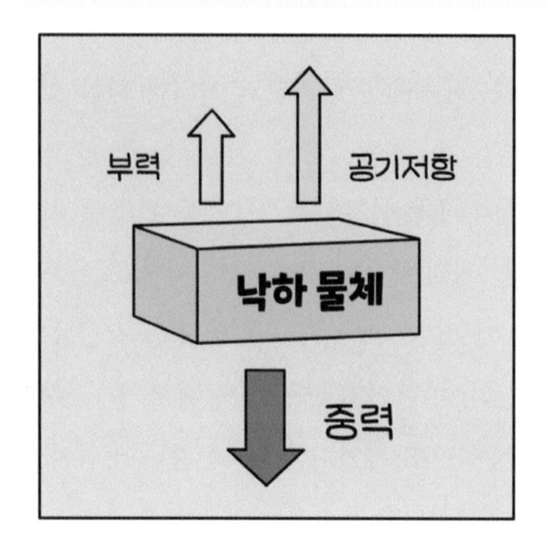

조금 전보다 더 강력해진 힘을 느낄 것이다. 접촉 면적이 커져서 공기 입자들과 더 많이 충돌하게 되니 당연한 것이다. 이렇게 공기저항은 물체의 속도가 빠를수록 커지고 공기와의 접촉 면적이 클수록 커진다.

낙하속도가 증가하지 않는 순간

이제 떨어지는 물체를 생각해보자. 처음에 낙하속도가 0이었던 물체는 공기저항이 없으니 아래로 잡아당기는 중력만을 받아서 떨어진다. 중력은 모든 물체를 1초에 9.8m/s씩 빨라지게 한다. 그런데 떨어지는 속도가 빨라지면 공기저항이 커지기 시작한다. 공기저항은 중력과 반대 방향으로 작용하기 때문에 중력이 물체의 속도를 빠르게 만드는 효과를 줄인다. 속도를 빠르게 만드는 효과를 줄인 것이지 효과를 아예 없앤 것은 아니다.

예를 들어 공기저항이 없을 때는 1초에 9.8m/s씩 빨라졌다면 공기저항이 생기고 1초에 8m/s씩 속도가 빨라진다는 뜻이다. 그런데 공기저항은 물체가 떨어지는 속도가 커질수록 커지기 때문에 시간이 지나 낙하속도가 빨라진다면 공기저항이 중력을 점점 많이 상쇄시킨다. 1초에 8m/s씩 속도가 빨라지던 게 5m/s씩 빨라지고 다시 1m/s씩 빨라지고 그러다 공기저항의 크기가 중력과 똑같아진다면 물체의 낙하속도는 더 이상 빨라지지 않는다. 속도가 빨라지지 않으니 공기저항도 더 이상 커지지 않고 현재의 낙하속도를 유지하게 된다. 물체가 중력을 받아 낙하속도가 점점 빨라지다가 공기저항에 의해 더 이상 속도가 증가하지 않을 때의 속도를 물체의 '종단속도'•라고 부른다.

하늘에 두둥실 떠 있는 것처럼 보이는 구름은 작은 물방울들이 모여 있는 것이기 때문에 사실은 아래로 떨어지고 있다. 하지만 물방울들은 매우 가볍기 때문에 작은 공기저항에도 중력

• 중력은 질량이 큰 물체가 더 크기 때문에 질량이 큰 물체는 중력을 상쇄시키기 위해 더 큰 공기저항이 필요하다. 공기저항이 크려면 빨리 떨어져야 하기 때문에 질량이 큰 물체는 종단속도가 질량이 작은 물체보다 크다. 즉 공기저항을 고려한다면 무거운 물체가 가벼운 물체보다 더 빨리 떨어진다.

이 상쇄된다. 그래서 종단속도는 3.0mm/s~7.5cm/s 정도밖에 되지 않는다. 달팽이가 기어가는 속도이니 이 속도로 땅까지 떨어지려면 엄청 많은 시간이 필요할 것이다. 게다가 중간에 상승기류를 만나면 다시 상승해버리니 하늘에 계속 떠 있는 것이다. 하지만 물방울들이 서로 합쳐져 무거워지면 종단속도가 커진다. 그럼 비가 내린다. 비는 물방울 반지름이 2.5mm 정도일 때 약 7m/s의 종단속도이다. 만약 공기저항이 없었다면 비가 오는 날에는 전쟁이 벌어진 것처럼 하늘에서 물방울 총알들이 쏟아져 내렸을 텐데 참 다행한 일이다.

베스나 불로비치가 살 수 있었던 이유

사람의 경우에는 종단속도가 시속 200km 정도이다. 몸을 세워서 공기와의 접촉 면적을 줄인다면 더 빨라질 수 있고 몸을 쫙 펴서 공기와의 접촉 면적을 크게 한다면 더 느려질 수도 있다. 종단속도에 도달하는 데에 필요한 낙하 거리는 580m 정도다. 이 말은 당신이 1km에서 떨어지나 10km에서 떨어지나 바닥에 떨어지는 속도는 똑같다는 얘기다. 시속 200km가 엄청나게 빠른 속도인 것은 틀림없지만 눈이 아주 많이 쌓인 산맥의 급경사로 떨어져 충격을 흡수하고 분산시킨다면 매우 희박하지만 살 가능성이 있다. 마치 스키 점프 착지를 하듯이 경사진 면을 이용해 낙하속도를 조금씩 줄이는 것이다. '물 아래로 떨어지는 게 낫지 않을까?' 생각할 수도 있지만 물은 강한 표면장력 때문에 이 정도 빠르기로 떨어진다면 콘크리트 바닥과 차이가 없다.

물론 당신은 떨어지기 전까지 많은 위기를 넘겨야 한다. 대부분의 사람은 바닥과 충돌하기 전까지 공기와의 마찰열로 타 죽거나 심장이 터지거나 심장마비가 오거나 숨을 못 쉬어 죽을 것이다. 그럼에도 불구하고 당신은 여전히 살아남을 가능성이 존재한다. 실제로 10,160m에서 공중 폭발한 JAT 항공 367편의 승무원 베스나 불로비치가 살아남지 않았는가. 그렇다면 그녀는 정말 어떻게 살아남은 것일까?

비행기가 날아다니는 상공은 기압이 매우 낮다. 그래서 비행기는 기내에 기압 조절 장치를 유지하고 있다. 그런데 비행기가 파괴되어 기압이 급격하게 감소하면 사람의 체내는 갑자기 부풀게 되고 이때 대부분의 사람들은 심장이 터져 즉사한다. 하지만 베스나 불로비치는 평소 앓고 있던 저혈압 덕분에 심장이 터지는 것을 막을 수 있었다. 또 기내식 카트에 갇혔기 때문에 부서진 기체 파편과 함께 눈 덮인 경사면으로 추락했다. 넓은 기체 파편은 공기저항을 높여 주었다. 그녀가 추락한 경사면의 각도가 정확히 어땠는지 알 수 없으나 60도의 경사만 되더라도 충격은 2분의 1로 줄어든다. 또 눈이 충격을 절반 이상 줄여 주었다면 살아남는 것이 불가능한 일만은 아니다.

베스나 불로비치는 추락 직후 혼수상태에 빠지고 여러 골절 외상을 입었으나 놀랍게도 치료 후 완치되어 전 세계를 깜짝 놀라게 했다. 그리고 1985년 기네스북 위원회는 '낙하산 없이 가장 높은 고도에서 추락해 살아남은 사람'으로 베스나 불로비치를 선정했다.

고함으로 산불을 끈 재야의 고수가 있다?

어느 날 TV 프로그램 <유 퀴즈 온 더 블럭>을 보는데
깜짝 놀랄 만한 이야기 나왔다.
한 재야의 고수가 나와 고함으로 불을 껐다는 것이다.

심지어 그 장면을 본 목격자도 있다고 했다.

고함을 질러 불을 끄다니? 이게 말이 되는 소리일까?
하지만 이것이 실제로 가능할 수도 있다면?

2012년 7월 미국 국무성 국방과학연구소는
소리에 의해 불이 진압될 수 있다는 것을 공개 제안했다.

또한 2015년 3월 조지메이슨대학교 유튜브 채널에
놀라운 영상이 올라온다. 거기에는 한 학생이
소리를 발생시키는 스피커로
프라이팬에 붙은 불을 끄는 모습이 담겨 있었다.

다만 이 스피커는 무게가 9kg에 달하고
거리도 매우 가까워야 한다는 단점이 있었다.

같은 해 7월, 숭실대학교 소리공학연구소의
배명진 교수 연구팀은 불을 끄는
또 다른 장치인 소리 바람 소화기를 개발했다.

소리를 발생시키는 장치에 소리를 모으는 기능을
추가한 이 장치는 70cm 직경의 커다란 세숫대야에
시너를 가득 부어 발생시킨 불을 1초 만에 꺼트릴 수 있다.

어떻게 소리만으로 불을 끄는 게 가능한 걸까?

소리는 음파다.

음파는 매질이 압축과 팽창을 반복하며 전달된다.
앞, 뒤로 진동하는 그네를 생각해보자.
당신이 여자친구의 그네를 밀어준다.

이때 그네가 진동하는 타이밍을 잘 맞춰서 민다면
그네는 더 높이 진동한다.
이것을 '공명 진동'이라고 한다.

소리의 매질도 소리와 공명 진동할 경우 압축과 팽창이 더 커진다.
불꽃을 만드는 기체 역시 소리의 매질이다.
소리에 의해 기체가 팽창하면 불꽃의 부피가 커진다.

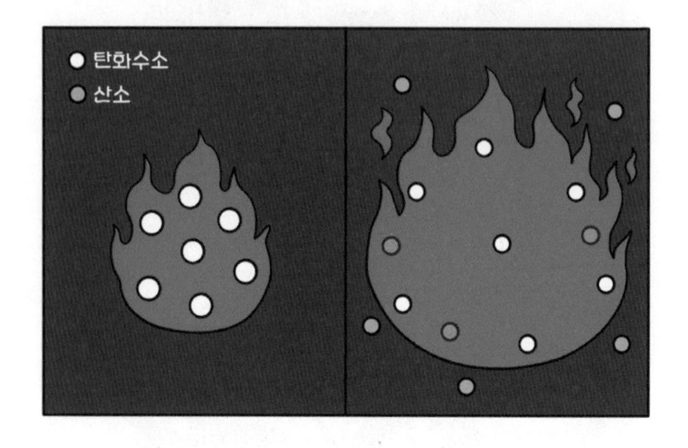

열역학 원리에 의해 부피가 커지면 온도가 내려간다.
또 불꽃 안쪽까지 산소 공급이 힘들어진다.
그럼 연소의 3요소(연료, 발화점 이상의 온도, 산소) 중
두 가지나 없어지기 때문에 불이 꺼지게 된다.

그 재야의 고수 분이 소리로 불을 끈 건 사실이 아닐 것이다.
불을 끄는 소리는 진동수가 낮기 때문이다.
인간의 고함 소리와는 다르다.

우리는 목소리로 불을 끄진 못하지만 타인을 움직이는 건 가능하다.
그리고 때론 상대가 내 뜻대로 안 될 때 고성을 지른다.
하지만 소리로 불을 끌 때 공명 진동이 중요하듯이
상대를 움직이는 건 그에게 맞춘 소리다.
무조건 높고 크다고 좋은 건 아니다.

당신 영혼의 무게는 얼마일까?

1907년 '영혼의 무게는 21그램'이라는 놀라운 주장이 담긴 논문이 발표된다. 이 논문의 작성자는 미국 매사추세츠주 하버빌의 내과의사 던컨 맥두걸 박사이다. 언론에서는 맥두걸 박사의 '21그램 실험'이라며 이를 대서특필했다.

맥두걸 박사는 죽음을 눈앞에 둔 환자 6명의 무게를 재는 실험을 진행했다. 그는 다른 의사 5명과 함께 환자가 죽기 전과 죽은 후의 무게를 비교했다. 첫 환자가 임종하는 순간 갑자기 저울의 바늘이 흔들리며 무게가 감소했다. 무게의 차이는 정확히 21그램이었다. 실험을 수행하던 의사들은 모두 깜짝 놀랐다. 다른 5명의 환자에게도 똑같은 실험을 수행했는데 놀랍게도 죽음 이후 모두 질량이 감소했다. 이를 바탕으로 맥두걸 박사는 영혼의 무게가 21그램이라고 주장했다. 박사는 그 후 개 15마리를 대상으로 같은 실험을 진행했다. 하지만 개들에게서는 무게의 차이를 발견할 수 없었다. 박사는 그 이유를 영혼이 인간에게만 존재하기 때문이라고 설명했다.

하지만 과학자들은 맥두걸 박사의 의견에 회의적이었다. 죽음 이후 감소한 무게가 환자들마다 모두 달랐기 때문이다. 어떤 환자는 무게가 줄었으나 다시 되돌아왔고, 어떤 환자는 죽음 이후 무게가 약간 줄고 시간이 지나자 무게가 더 많이 줄었다. 또 다른 환자는 사망 후 1분이 넘어서야 무게가 줄었다. 맥두걸은 영혼이 육체에서 빠져나오기를 망설여서 그렇다는 등 여러 가지 이유를 대며 자신의 주장을 합리화했다. 그러나 실험 결과에 대한 이런 합리화는 신뢰성을 떨어뜨렸다.

무게가 감소한 이유에 대한 다른 주장도 나왔다. 내과의사 어거스터스 P. 클라크는 사망 시 일어나는 체온의 급상승 때문에 땀이 배출되어 무게가 감소한 것이라 지적했다. 개들은 땀샘이 없기 때문에 이 메커니즘이 작동하지 않아 사망 시 무게가 줄지 않는다는 근거가 그의 주장에 힘을 실어줬다.

정말 영혼에 무게가 존재할까? (무게는 질량이 받는 중력의 크기니 이제부터는 무게 말고 질량으로 표현하겠다.) 사실 영혼에 질량이 있다는 생각은 과학적 사고를 해온 우리로선 믿기 힘든 일이다. 영혼의 존재 여부는 둘째 치고 보이지 않고 만질 수 없는 존재에 질량이 있다는 생각은 불편하다. 그런데 사실 이건 어쩌면 그렇게 이상한 일이 아닐 수도 있다.

똑같은 물건의 질량이 다르다?

임용고시 합격 통지서를 받은 날 어머니는 나에게 고급 시계를 선물해주셨다. 고급 시계들이 그러하듯 그 시계도 태엽을 감아서 움직였다. 시계를 착용하고 움직이면 태엽이 자동으로 감기지만 시계를 오랫동안 착용하지 않으면 멈춘다. 아마 대부분의 사람들은 태엽을 감아 놓아 움직이는 시계 그리고 오랫동안 착용하지 않아 멈춘 시계를 비교했을 때 질량이 똑같다고 생각할 것이다. 왜냐하면 둘은 동일한 물질로 구성된 똑같은 시계이기 때문이다. 그런데 두 시계의 질량은 다르다. 태엽을 감아서 움직이는 시계의 질량이 더 크다. 비록 차이는 지구상의 어떤 저울을 가져오더라도 구별하지 못할 정도로 작겠지만 둘의 질량이 다른 것은 사실이다.

라면 한 봉지를 끓인다고 가정하자. 물을 올리고 라면 재료를 넣은 다음, 냄비 뚜껑을 꽉 닫는다. 수증기를 포함한 어떠한 물질도 빠져나갈 수 없다. 물론 안으로 들어올 수도 없다. 라면을 끓이기 전과 끓인 후의 질량은 똑같을까? 그렇지 않다. 라면을 끓인 후의 질량이 대략 0.000000002g 정도 증가할 것이다.

이를 좀 더 과학적으로 얘기해보자. 수소 원자는 양성자 한

수소 원자

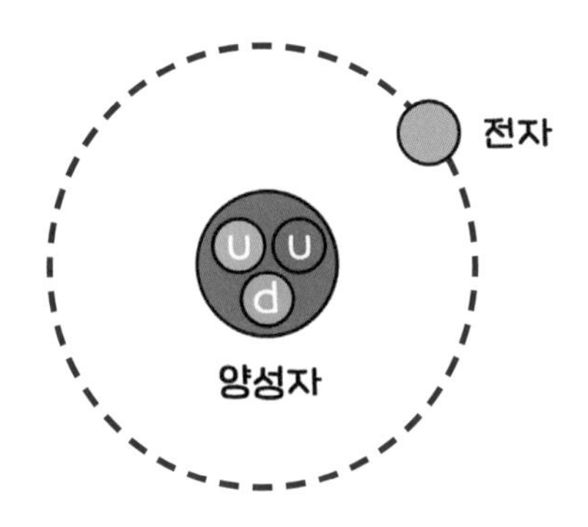

개와 전자 한 개로만 이루어졌다. 그럼 수소 원자의 질량은 양성자 한 개의 질량과 전자 한 개의 질량을 더하면 될까? 그렇지 않다. 수소 원자의 질량은 둘을 합한 질량보다 작다. 또 양성자는 쿼크라 불리는 더 작은 요소로 이루어졌다. 정확히는 위 쿼크 2개와 아래 쿼크 1개가 결합해 있다. 그런데 양성자의 질량은 자신을 구성하는 쿼크들을 더한 질량보다 100배 더 크다. 대체 왜 그럴까?

우리는 어떤 물질의 질량을 생각할 때 그것을 구성하는 요소들의 합이라고 생각한다. 예를 들면 커다란 상자 안에 용수철로 연결된 공들이 들어 있다면 상자의 질량은 용수철, 공, 포장상자의 질량을 더한 값이 될 것이다. 하지만 사실 상자의 질량은 그렇지 않다. 상자의 질량은 상자 안의 공들의 움직임, 위치, 용수철이 압축된 정도에 따라 달라진다.* 즉, 물질의 질량은 단순히 구성 요소들 질량의 합이 아니다. 구성 요소들의 운동 상태, 위치, 상호 작용에 따라 달라진다. 이것들을 하나의 단어로 아우른다면 바로 에너지다. 그렇다. 질량은 에너지에 따라 달라진다.

그 많은 에너지는 어디로 사라진 것일까?

아인슈타인의 상대성 이론에 따르면 물질은 절대 빛의 속력을 넘을 수 없다. 여기 가상의 로켓이 있다. 당신은 신이 되어 로켓에 에너지를 계속해서 공급한다. 로켓의 속력은 처음에는 빠르게 증가한다. 그런데 속력이 빨라질수록 처음과 똑같은 에너지를 공급하더라도 더 적은 속력이 증가한다. 빛의 속도와 비슷해지면 아무리 많은 에너지를 쏟아부어도 속력은 도통 증가하지 않는다. 왜냐하면 물질은 절대 빛의 속력을 넘을 수 없기 때문이다. 그럼 여기서 의문이 든다.

과학 선생님께 귀가 닳도록 들었던 '에너지 보존 법칙'은 왜 통하지 않는 걸까? 아인슈타인은 이 해답을 하나의 방정식에 담았다. 바로 세상에서 가장 유명한 방정식 $E=mc^2$이다. 에너지

* 우리가 측정할 수 있는 거시적 크기의 차이가 아니라 미시적 크기의 질량 차이이다.

는 질량과 빛의 속력의 제곱의 곱이다. 즉, 에너지와 질량은 어떤 관계가 있다. 앞에 우리가 상상했던 로켓의 경우, 로켓에 공급한 에너지는 로켓의 질량이 된다. 속력이 빨라질수록 로켓의 질량이 계속해서 증가했다. 질량이 큰 물질의 속력을 증가시키기 위해선 더 큰 에너지가 필요했고 빛의 속도와 가까워진 물질은 질량이 무한히 커지기 때문에 아무리 많은 에너지를 주어도 속력을 증가시킬 수 없었다.

사람들마다 이 방정식을 해석하는 방식이 다르다. 질량과 에너지는 서로 전환된다, 질량에 에너지가 숨겨져 있다, 물체가 정지했을 때 질량의 에너지이다 등. 하지만 아인슈타인이 말하고자 했던 것은 '질량과 에너지가 완전히 똑같다'라는 사실일 것이다. 왜냐하면 아인슈타인이 처음 발표한 논문에는 방정식이 다음과 같이 설명되어 있었다.

$$m=E/c^2$$

질량은 에너지를 빛의 속력 제곱의 크기로 나눈 것이다. 이것은 질량의 본질이 무엇인지에 대해 서술하는 방정식이다.

'질량은 에너지이다.'

차근차근 생각해보자. 우리는 질량이 실제로 존재하는 실체라고 착각한다. 하지만 질량은 실체가 아니다. 눈에 보이지도 않고 만질 수도 없다. 우리가 말하는 질량은 뉴턴의 제2법칙에 등장한다.

물질은 힘을 작용했을 때 운동 상태가 변한다. 같은 힘을 작용하더라도 어떤 물질은 속력이 빠르게 변하고 어떤 물질은 속력이 느리게 변한다. 가벼운 건 잘 움직이고 무거운 건 잘 안 움직이지 않는가? 우리는 이런 차이를 만들어 내는 물질의 성질을 질량이라고 정했다. 질량이 큰 물체는 힘을 줘도 속력이 잘 안 변하고 질량이 작은 물체는 속력이 빨리 변한다.

침대 매트릭스를 자르다 보면

이제 미시 세계를 향한 여행을 떠나보자. 이 여행에서 우리는 질량의 본질을 발견할 것이다. 우리에게 앤트맨•의 슈트와 무엇이든 가를 수 있는 칼이 주어졌다. 먼저 내 방의 침대를 부수겠다. 침대는 매트릭스와 나무 프레임으로 만들어졌다. 재미있는 점은 나무 프레임에 눕혀 있는 매트릭스를 높게 세운다면 침대의 질량은 증가한다. 왜냐하면 매트릭스의 높이가 높아지면서 매트릭스를 구성하는 입자들의 위치 에너지가 증가했기 때문이

• 마블 시네마틱 유니버스에 등장하는 슈퍼히어로로 몸을 아주 작거나 크게 만들 수 있다.
•• 매트릭스의 질량은 10kg, 높이는 1.5m, 프레임의 높이는 0.5m로 가정한 계산이다.

다. 물론 증가한 질량은 0.000000000000002g 정도뿐이다.••

아직 질량의 본질을 알기는 어렵다. 다음 단계로 간다. 이제 손에 쥐어진 칼로 매트릭스를 가른다. 가르고 가르고 가르다 보면 어느새 매트릭스를 구성하는 원자의 영역에 도달한다. 주위에는 온통 매트릭스를 구성하는 원자들이다. 그중 한 뚱뚱한 원자가 눈에 띈다. 중앙의 작은 영역 안에 많은 입자들을 붙들고 있는 모습이 조금 버거워 보인다. 입자들을 잘 세어보니 양성자 86개, 중성자 136개다. 맙소사! 라돈 원자다. 내 침대가 라돈 침대였다니. 라돈 원자(Rn)는 원자번호 86번으로 양성자 86개, 중성자 136개의 원자핵을 가진다. (이 규모에서 전자가 차지하는 질량의 비중은 작으니 서술하지 않겠다.)

라돈은 불안정하다. 작은 원자핵 영역 안에 양성자, 중성자가 너무 꽉 차 있기 때문이다. 불안정한 라돈은 양성자 2개, 중성자

라돈의 핵분열

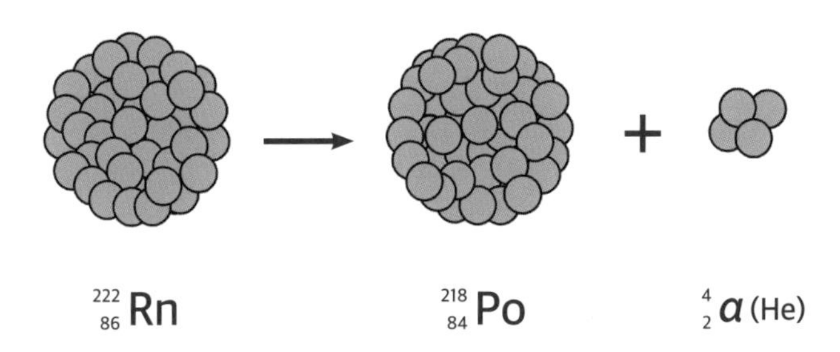

2개로 이루어진 알파 입자를 토해내며 분열한다. 그럼 라돈은 조금 더 날씬한 폴로늄(Po)이 된다. 폴로늄은 양성자 84개, 중성자 134개를 가진다.

벌써 덧셈을 해본 독자들은 눈치챘겠지만 알파 입자와 폴로늄의 양성자 수, 중성자 수를 각각 더하면 정확히 라돈의 양성자 수, 중성자 수와 같다. 라돈이 알파 입자를 방출하는 과정에서 입자들이 다른 곳으로 새거나 사라지지 않았다는 뜻이다. 그런데 놀랍게도 라돈의 질량은 방출된 알파 입자와 남은 폴로늄을 합한 질량보다 크다. 왜 그럴까? 이것은 라돈 원자가 알파 입자를 방출하고 폴로늄이 되는 핵분열을 할 때 강한 에너지가 방출되기 때문이다. 그래서 이것을 라돈의 질량이 에너지로 바뀌었다고들 말한다. 썩 맘에 드는 설명은 아니지만 틀린 말은 아니다.

질량은 어디에서 오는가

한 번 더 작은 영역으로 가보자. 표준 모형에 따르면 물질의 가장 작은 단위는 기본 입자들이다. 원자를 구성하는 전자는 기본 입자이다. 전자는 표준 모형의 렙톤에 속한 6개의 입자들 중 하나다. 전자는 쪼개지지 않는다. 그래서 더 작은 세부구조가 없다. 현재 표준 모형에선 기본 입자들을 모두 점입자로 다룬

양성자, 중성자 구조

다. 즉 크기가 0이다. 그러니 쪼갤 수도 없다. 하지만 양성자와 중성자는 쪼개진다. 양성자는 위 쿼크 2개와 아래 쿼크 1개, 중성자는 위 쿼크 1개와 아래 쿼크 2개로 이루어진다.

쿼크는 전자와 마찬가지로 기본 입자이다. 하지만 위에서 말했듯이 양성자와 중성자의 질량은 자신을 구성하는 쿼크들의 질량을 합한 것의 100배나 된다. 쿼크들의 질량은 양성자, 중성자에 비하면 매우 보잘것없다. 그럼 질량은 어디에 있는가? 양성자와 중성자의 거의 모든 질량은 쿼크들을 결합하는 '강력'이라는 힘의 에너지에서 온다. 그렇다. 양성자, 중성자 질량의 대부분은 에너지였다. 그러면 양성자, 중성자로 이루어진 원자 질량의 대부분도 에너지란 얘기가 아니겠는가? 내 방의 라돈 침대는 원자로 이루어졌으니 침대의 질량은 결국 에너지였단 말이 된다. 하지만 아직 우리에겐 쿼크와 전자 같은 기본 입자들의 질량이 남아 있다. 어쩌면 이것이 우리가 지금까지 생각했던, 에너지와는 구별되는 진짜 질량의 모습일 수 있다. 하지만 아쉽게도 아니다.

기본 입자들의 질량은 모두 다르다. 중성미자 같은 어떤 입자들은 상대적으로 질량이 아주 작다. 전자기력을 전달하는 광자, 강력을 전달하는 글루온과 같은 입자들은 아예 질량이 없다. 기본 입자들의 질량은 왜 다 다를까? 질량이 입자 고유의 성질이라서 그러할까?

현재 표준 모형은 기본 입자들의 질량이 힉스장으로부터 온다고 설명한다. 힉스장은 텅 빈 진공에 깔려 있는 에너지 장Feild이다. 힉스장은 눈에 보이지 않고 만질 수도 없다. 하지만 우주의 모든 공간에 존재한다. 그래서 기본 입자들은 항상 힉스장 안에서 움직인다. 이때 힉스장과 강한 상호 작용을 하는 입자는 움직이기 힘들다. 그럼 이 입자는 질량이 크다. 그런데 힉스장과 상호 작용이 약하다면 편하게 움직일 수 있다. 이 입자는 질량이 작다. 힉스장과 상호 작용을 하지 않는다면 아무런 방해도 받지 않는다. 이 입자는 질량이 0이다.

조금 어려운가? 그렇다면 장소를 서울 강남의 클럽으로 옮겨보자. 이곳에 유명 연예인이 등장하면 사람들은 온통 연예인 주변으로 모여든다. 주변 사람들과 강한 상호 작용을 하는 연예인은 움직이기 힘들다. 하지만 내가 등장하면 나는 이곳을 자유자재로 돌아다닐 수 있다. 누구의 관심도 받지 않기 때문이다. 여기서 클럽에 깔려 있는 사람들이 힉스장이고 연예인은 질량이 큰 입자, 나는 질량이 작은 입자라고 볼 수 있다.

'힉스장을 만질 수 없다'는 표현은 어쩌면 조금 잘못됐는지도 모른다. 우리가 팔을 움직일 때도 기본 입자들은 힉스장과 상호 작용을 한다. 우리는 항상 힉스장 속에서 헤엄치고 있는 것이다. 그럼 힉스장은 정말로 존재할까? 증명할 수 있을까? 만약 온 우주에 힉스장이 깔려 있다면 힉스 입자를 발견할 수 있어야 한다. 왜 그런가?

또다시 붐비는 클럽 내부, 흥겹게 몸을 흔드는 사람들 사이를 얼굴이 상기된 한 사람이 통과하고 있다. 화장실이 급한지 사람들을 거칠게 밀치며 빠르게 지나친다. 나름의 간격을 잘 유지했던 사람들은 밀쳐지며 간격의 균형이 깨진다. 잔잔했던 호수에 돌멩이를 던지면 거친 물결이 일듯, 클럽의 어떤 곳은 사람들이 빽빽하게 뭉치고 어떤 곳은 널찍해진다.

사람들이 빽빽하게 뭉친 곳이 눈에 띈다. 이 부분이 바로 힉스 입자와 같다. 힉스장이 만약 존재한다면 강한 에너지를 지닌 입자가 통과할 때 힉스장의 에너지가 뭉치게 되고 우리는 이것을 힉스 입자로 발견할 수 있어야 한다. 그리고 실제로 힉스 입자는 2013년 3월 14일 유럽입자물리연구소에서 발견되었다.

기본 입자의 질량은 힉스장의 에너지로부터 왔다. 그렇다면 힉스장은 왜 존재하는가?

'모른다.'

현대 과학은 아직 질량의 비밀을 밝히는 끝에 도달하지 못했다.

"질량이 무엇인가?"

어느 날 외계인이 당신에게 찾아와 묻는다면 이 정도만 대답해라.

"어떤 계의 질량은 그 안의 에너지로 결정된다. 질량은 에너지를 나타내는 지표다."

아직 잘 모르겠는가? 그럼 한번 퀴즈를 풀어보자.

드래곤볼의 손오공이 프리더와 지구 근처의 우주 공간에서 싸우고 있다. 손오공은 프리더를 해치우기 위해 원기옥이란 필살기를 사용한다. 원기옥은 지구 사람들의 에너지를 빌려 커다란 에너지 구슬을 만드는 것이다. 지구 사람들은 손오공에게 에너지를 빌려주기 위해 양손을 머리 위로 올려야 한다. 사람들이 원기옥을 위해 모두 손을 올린다. 그럼 이때 지구의 질량은 증가할까?

침대 매트릭스와 똑같이 생각할 수 있다. 사람들이 머리 위로 손을 올리면 중력 위치 에너지가 증가해서 질량이 증가할 것이다. 그러한가? 틀렸다. 왜냐하면 사람들이 손을 들어 올리는 데 필요한 에너지가 결국 지구에서 사용된 것이기 때문이다. 중력 위치 에너지는 근육의 화학 에너지에서 왔고, 화학 에너지는 지구의 물질에서 왔다. 지구의 에너지가 내부에서 순환한 것이기 때문에 이 에너지를 모두 포함하는 지구의 질량은 변하지 않는다. 반면에 프리더가 자신의 에너지파를 지구로 발사한다면 지구의 질량은 증가한다. 지구 외부에서 새로운 에너지가 추가됐기 때문이다. 물론 지구가 파괴되지 않는다면 말이다.

$E=mc^2$은 아마 세상에서 가장 유명한 방정식일 것이다. 하지만 이 방정식의 진짜 의미를 아는 사람은 많지 않다.

'아는 만큼 보인다'는 말이 있다.

이 방정식의 의미를 깨달은 당신은 이제 세상의 새로운 내면을 바라볼 수 있을 것이다.

왜 내 계란프라이는 자꾸 타는 것일까?

부모님 곁을 떠나 처음 알게 된 사실은
'계란프라이'가 생각만큼 쉽지 않다는 것이다.

동그랗고 예쁜 엄마의 계란프라이와 달리

이상하게 내 계란프라이는
프라이팬에 너무 잘 달라붙고 잘 탔다.

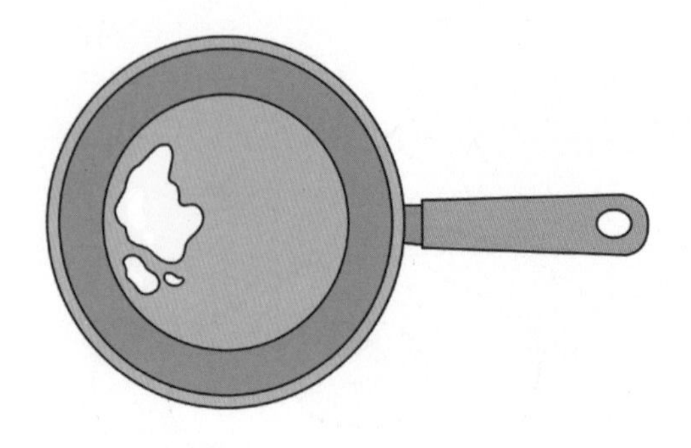

코팅이 벗겨진 오래된 프라이팬 탓도 있었겠지만
기름이 가운데 모여 있지 않고 바깥쪽으로 흐르는 것이 문제였다.
왜지? 프라이팬이 기울어져 있기라도 한 걸까?

그렇다. 실제로 대부분의 프라이팬은
가운데가 볼록하게 솟아 있다. 왜일까?

만약 프라이팬이 평평하다면 열을 받았을 때
열팽창 때문에 위나 아래로 휘게 된다.
이렇게 프라이팬이 아래로 휠 경우 바닥에 똑바로 놓을 수 없다.

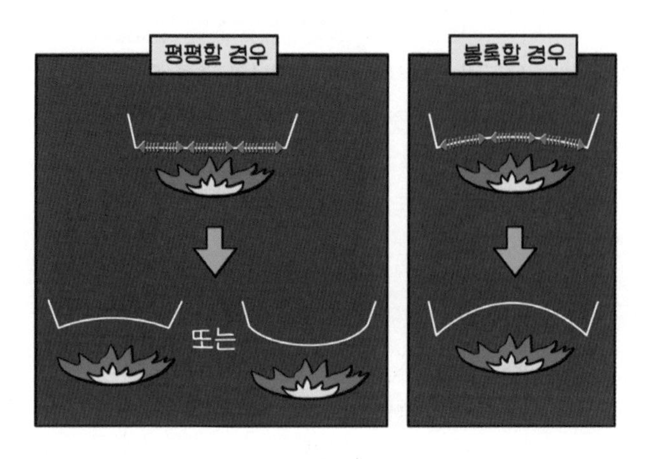

따라서 프라이팬을 만들 때 일부로 가운데를 위로 솟게 만들어
열팽창을 해도 아래로 휘지 않게 한다.

그런데 만약 프라이팬 바닥이 평평하다면 기름이 흐르지 않을까?
그렇지 않다. 기름과 같은 액체는 평평한 곳에 있어도
퍼지지 않고 방울처럼 뭉쳐 있다.
그 이유는 분자들끼리 서로 뭉치려는 힘인 표면 장력 때문이다.

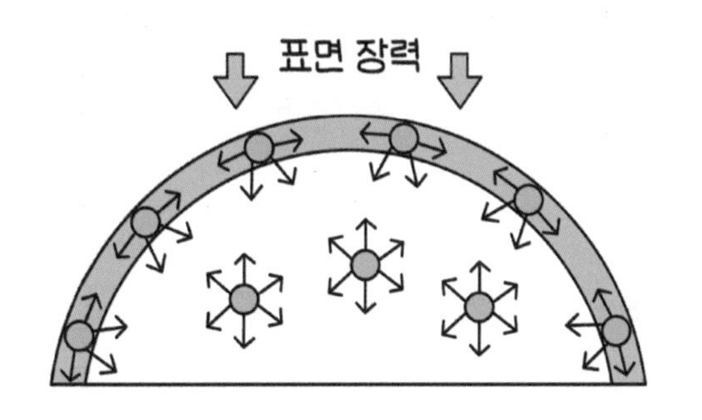

그런데 표면 장력은 온도가 높을수록 약해진다.
만약 유체의 온도가 위치마다 다르면 서로 다른 표면 장력 때문에
흐르게 된다. 이것을 ' 열 모세관 대류'라고 한다.
체코 학술원 과학자들은 이 현상에 의해
평평한 프라이팬의 기름이 흐르는 것을 알아냈다.

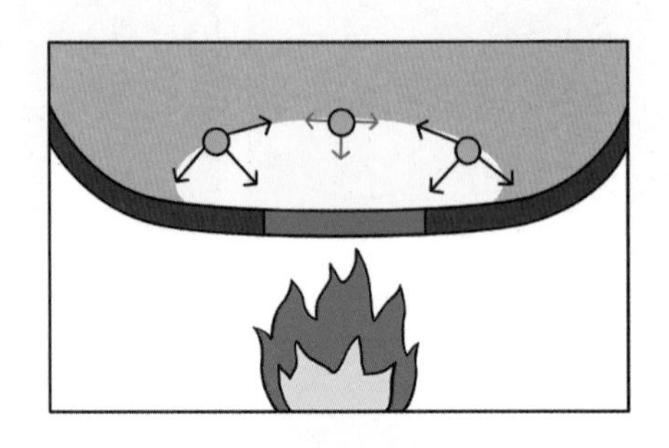

프라이팬은 불과 맞닿은 부분이 가장 뜨겁고 멀수록 온도가 낮다.
프라이팬의 온도가 위치에 따라 다르니 기름의 표면장력은
위치에 따라 달라진다.

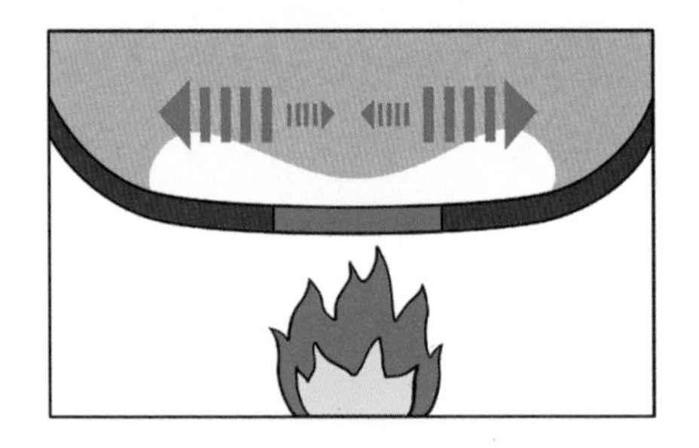

그래서 기름은 표면 장력이 높은 쪽으로 끌려간다.
양쪽에서 잡아당길 경우 점점 얇아지다 쪼개지는 것이다.

볼록 솟은 프라이팬처럼 우리의 삶도 기울어진 운동장에 놓여 있다.
삶의 기울기는 서로 다르다. 공평하지 못한 것이다.
그래서 기울기를 평평하게 만드는 것은 중요하다.
하지만 기울기가 평평해진다고 모든 문제가 끝나는 건 아니다.
진짜 문제는 그걸로 해결되지 않는다.
평평한 프라이팬의 기름이 끊어지는 것처럼 말이다.
결국엔 내가 강해져야 한다.

에베레스트는 정말 가장 높은 산일까

"에베레스트가 반드시 가장 높은 산은 아니에요."

언젠가 후배가 우연히 던진 이 말이 인생의 유레카처럼 다가온 적이 있다.

우리나라에서 가장 높은 건물을 떠올린다면 무엇이 떠오르는가? 아마 대부분 롯데월드타워가 떠오를 것이다. 롯데월드타워는 땅 위로 솟은 높이가 무려 555m나 되니까. 하지만 롯데월드타워는 평균 해발 고도가 50m인 서울에 위치한다. 해발 고도는 해수면을 0m의 높이로 기준 잡아 건물이나 땅의 높이를 잰 것이다. 그래서 해발 고도로 따진다면 대관령에 있는 철수네 집이 롯데월드타워보다 더 높을 것이다. 대관령은 해발 700m이니까 철수네 집이 1층(약 3m)이라 하더라도 해발 높이가 703m는 되는 것이다.

하지만 어느 누구도 철수네 집이 롯데월드타워보다 높다고 생각하지 않는다. 해발 고도 8,848m인 에베레스트는 해발 고도 5,182m의 티베트 고원 위에 솟아 있다. 티베트 고원의 사람에게 에베레스트는 그냥 3,666m 높이의 산일 뿐이다. 그래서 산을 오른다면 해발 5,895m인 킬리만자로가 훨씬 높다. 킬리만자

에베레스트와 킬리만자로 비교

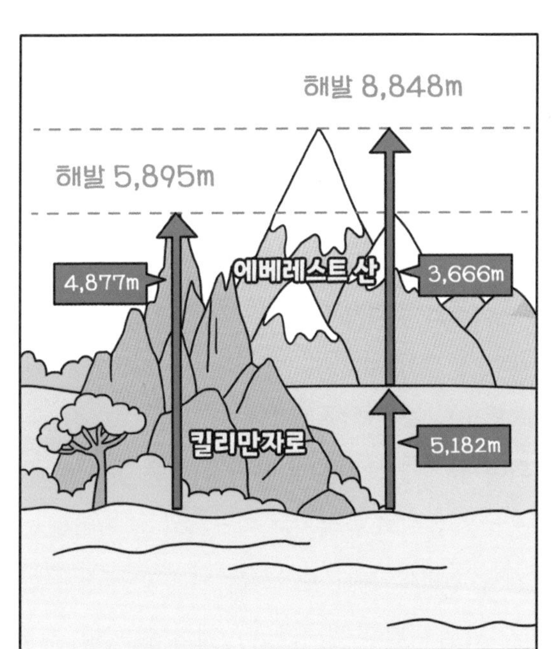

로는 평원에서 4,877m나 솟아 있기 때문이다. 에베레스트가 정말 가장 높은 산이 맞는 걸까?

물론 건물은 땅으로부터 건축된 높이를 재고 산은 해발 높이를 기준으로 잰다. 해발 높이를 기준으로 했을 때 세계에서 가장 높은 산은 에베레스트이다. 하지만 우리가 에베레스트에게 기대했던 건 철수네 집이 아니라 롯데월드타워처럼 가장 높이 솟은 웅장함이 아니었는가?

백두산의 높이는 북한과 우리나라가 다르다?

그렇다면 왜 산은 하필 해수면을 기준으로 잴까? 언뜻 생각하기에는 그것이 가장 공평해 보인다. 친구와 누가 더 키가 큰지 내기를 하는데 친구가 키높이 깔창을 신고 있다면 불공평하지 않겠는가? 그래서 산을 받치고 있는 깔창들을 모두 없애 줄 필요가 있다. 그런데 어떤 산은 '이건 깔창이 아니라 내 발이야'라고 우긴다. 또 깔창과 발이 비슷해서 구별하기가 힘들다. 그럼 어디를 발바닥으로 해야 공평할까?

물은 위에서 아래로 흐른다. 물의 높이가 높은 곳과 낮은 곳이 있다면 물은 높이가 같아지는 지점까지 계속 아래로 흐를 것이다. 그래서 우리는 물이 도착하는 마지막 지점이 가장 낮은 위치이면서 서로 똑같은 높이라고 생각할 수 있다. 그곳이 우리에게는 바다이며, 그래서 높이의 기준점을 해수면으로 정한 것이다. 그런데 여기에는 몇 가지 허점이 있다.

먼저 바닷물은 끊임없이 움직이는 유체다. 태양과 달이 작용하는 인력, 달을 중심으로 도는 지구의 공전*으로 인한 원심력, 지구 자전에 의한 효과가 밀물과 썰물을 만들며 계속해서 바닷물을 움직이게 한다. 바다는 얼마나 역동적인가! 바다에는 항상 거센 파도가 있지 않은가? 해수면의 높이는 계속해서 변한다. 그래서 해발 높이의 기준을 정할 땐 먼저 바다의 한 지점을 정해 놓고 표면을 몇 년간 관측하여 해수면 높이의 평균점을 구한다. 그리고 그 지점과 같은 높이를 움직이지 않는 지표면에 표시한다. 이것을 '수준 원점'이라고 한다.

우리나라의 경우는 1914년부터 3년간 인천 앞바다의 해수면 높이를 측정하여 평균값을 정하고 수준 원점을 인천시 중구 항동에 설치했다. 1963년 인천 내항이 재개발되면서 수준 원점은 인천시 남구 용현동 인하공업전문 대학교의 해발 26.6871m 지점으로 이전 설치했다. 그런데 이런 수준 원점은 나라마다 기준이 다르다. 북한은 수준 원점을 원산 앞바다를 기준으로 한다. 그래서 우리나라보다 6m 정도 낮다. 백두산의 높이가 북한에서는 해발 2,750m인데 우리나라에서는 2,744m인 이유다. 그리고 또 다른 문제도 존재한다.

* 태양 중심의 공전이 아닌 달을 중심으로 도는 공전을 의미한다.

산 밑에 바로 바다가 있으면 좋겠지만 대부분의 산은 바다와 멀리 떨어져 있다. 지구가 평평하다면 해수면과 평행한 선을 산 밑에까지 연장해서 높이를 재면 되겠지만 지구는 알다시피 둥글다.

이 문제를 해결하기 위해 일단 지구가 완전한 구라고 가정하자. 완전한 구 모양의 지구는 자전하기 때문에 허리 부분이 바깥으로 빠져나가려고 한다. 당신이 디스코 팡팡과 같은 놀이 기구를 탔을 때 바깥으로 튕겨 나갈 것 같은 힘을 느끼는 것과 같다. 그래서 지구는 허리 부분인 적도가 바깥으로 약간 부풀어 오른 모양을 한다. 지구는 세로 길이가 12,714km, 가로 길이가 12,756km인 약간 찌그러진 구 모양이다. 이것을 회전 타원체라고 한다.

지구의 모양을 정했으니 이제 지구에 커다란 주전자로 바닷물을 부어 보자. 물은 높은 곳에서 낮은 곳으로 서로 높이가 같아질 때까지 흐를 것이다. 그런데 완전한 회전 타원체인 지구에 높은 곳은 어디고 낮은 곳은 어디란 말인가? 우리는 이 문제에 대한 답을 찾기 위해 물이 왜 아래로 흐르는지 알아야 한다. 물이 아래로 흐르는 이유는 지구가 물을 지구 중심으로 잡아당기는 중력 때문이다. 그래서 지구에서 물이 흘러 도착하는 낮은 곳은 지구 중심과 가까운 곳이고 높은 곳은 지구 중심에서 먼 곳이어야 한다. 중력 때문에 우리가 지구에 부은 바닷물은 지구를 감싸는 형태가 되어 있을 것이다.

'지오이드 모델'의 탄생

이제 잠깐 세상의 움직임을 멈춰보자. 만약 당신이 신이라면 일시정지 버튼을 누르는 것이다. 태양, 달, 지구 등 세상 모든 물질들의 움직임이 멈췄다. 이때 바다의 표면은 회전 타원체인 지구의 표면과 모든 부분에서 똑같은 간격으로 떨어져 있을까? 즉, 바다가 둘러싼 모양이 지구의 모양보다 약간 더 큰 똑같은 모양의 회전 타원체일까?

그렇지 않다. 왜냐하면 지구 내부가 균일한 밀도가 아니기 때문에 지구 표면의 중력이 위치마다 다르기 때문이다. 중력은 지구 표면의 바다를 뭉치게 만든다. 그래서 중력이 강한 곳은 바다가 더 많이 뭉쳐서 해수면이 높아진다. 이 효과는 크기 때문에 100m까지도 해수면이 달라질 수 있다. 그렇다면 지구 표면의 중력 정보가 담긴 중력 지도를 만든 다음에 중력에 따른 해수면의 높이를 정하면 될 것이다.

그런데 가장 큰 문제는 지구 표면의 대륙과 해양의 골짜기들이다. 우리는 지금까지 지구 표면이 매끈한 형태라고 가정하고 해수면의 높이를 정했다. 하지만 실제로 지구 표면은 튀어나온 대륙들과 깊숙이 들어간 바닷속 골짜기들로 매우 울퉁불퉁한 형태이다. 그리고 이것들은 해수면 높이에 많은 영향을 미친다. 수조의 가장 아래에 모래를 깔고 모래 위까지 물을 채워 넣었다고 해보자. 여기에 큰 바윗돌을 모래 위에 올린다면 물의 높이는 당연히 많이 변하게 된다.

여기에는 두 가지 요소가 영향을 주는데, 첫 번째는 바윗돌 자체의 부피 때문이고, 두 번째는 바윗돌이 가지고 있는 중력이 물을 끌어당기기 때문이다. 물론 우리가 설치한 바윗돌은 중력이 매우 작아 수조의 물 높이에 영향을 별로 주지 않겠지만 지구 표면의 대륙들과 바닷속 골짜기들은 다르다. 밀도가 큰 대륙들은 큰 중력을 가지고 있고 깊게 파인 골짜기들은 평균보다 작은 중력을 가지게 된다.

그럼 이제 어떻게 해야 할까? 지구의 모든 부분에서 해발 높

회전 타원체, 실제 지구 표면, 지오이드 해수면

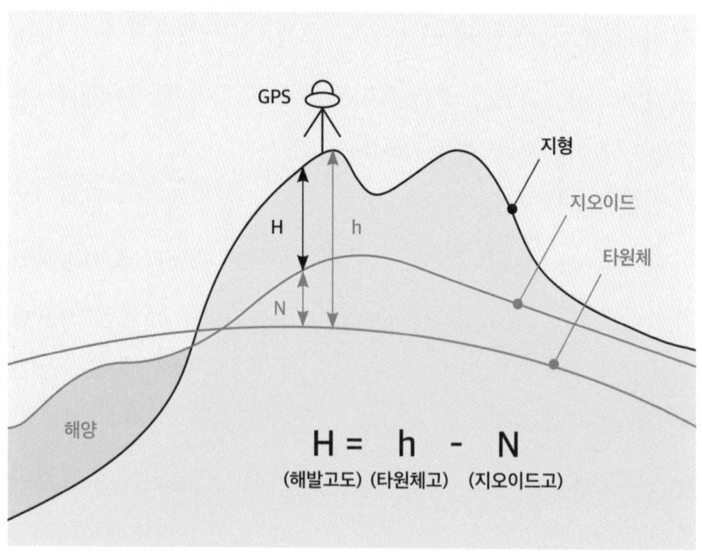

이를 바르게 정하기 위해선 지구를 둘러싼 해수면을 가정해야 한다. 하지만 실제로 지구 표면은 튀어나온 대륙과 바닷속 골짜기들이 존재하고 해수면이 전체를 둘러싸고 있지 못하다. 만약 지구가 매끈한 형태라면 지구 표면의 중력 지도를 이용해 지구 표면 모든 부분에서 해수면 높이를 정할 수 있다. 하지만 지구 표면의 중력에는 튀어나온 대륙들과 깊숙이 들어간 바닷속 골짜기들이 많은 영향을 미친다. 결국 과학자들은 지구가 대륙과 바닷속 골짜기가 없는 매끈한 형태이지만 대륙과 바닷속 골짜기에 의한 중력은 존재한다고 가정했다. 이렇게 만든 지구 표면의 중력 지도를 바탕으로 완전한 회전 타원체로 가정된 지구 전체를 둘러싸는 가상의 해수면을 만들었다. 이것을 '지오이드 모델'이라고 한다.

누가 에베레스트만 가장 높다 하는가?

현재는 GPS와 지오이드 모델을 이용해 해발 높이를 1~3cm의 정밀도로 측정할 수 있다. 해발 높이에 대한 세계적으로 합의된 측량 기준을 만든 것이다. 약속된 이 기준에 따르면 세계에서 가장 높은 산은 역시 에베레스트다. 하지만 우리가 가장 높은 산을 생각할 때 꼭 이 기준을 따라야 할 필요는 없지 않은가? 실제로 산 밑에 바다가 있는 것도 아닌데 말이다. 나처럼 아무것도 모르는 초짜 등산가에게 중요한 건 해발 고도보다 실제로 걸어 오르는 높이다. 내 기준에서 가장 높은 산은 땅에서 4,877m 솟아 있는 킬리만자로다.

지오이드 모델을 따를 때 억울한 산들이 몇몇 있다. 하와이 섬의 마우나케아산은 바닷속으로 잠겨 있다. 그래서 바다 밑, 산의 뿌리에서부터 잰다면 마우나케아산(해발 4,207m)이 가장 높다. 바다 아래로 5,998m나 되기 때문에 총 높이가 무려 10,205m이다. 또 지구 중심에서부터 잰다면 에콰도르의 침보라소산(해발 6,268m)이 가장 높다. 지구 중심에서 6,384.4km 떨어진 높이로 에베레스트산보다 2,168m나 높다.

가장 높다, 가장 예쁘다, 가장 똑똑하다 등을 나타내는 '가장 무엇하다'의 의미는 기준에 따라 달라질 수 있다. 나는 다른 사람에게는 평범한 외모지만 나의 아내에게는 가장 매력적인 남자가 될 수 있다. (사실, 그렇지도 않은 것 같다. 나의 딸에게는 가장 매력적인 아빠가 될 수 있다. 이건 확실하다.) 우리는 최고를 생각할 때면 항상 사회가 정해 놓은 기준을 따라 생각한다. 하지만 머릿속의 에베레스트를 부쉈을 때 우리는 누구나 최고가 될 수 있다. 단지 내가 최고가 될 수 있는 기준을 아직 찾지 못했을 뿐이다.

이렇게 힘든데 내가 한 일이 0이라니

당신은 지금 컨베이어 벨트에서 택배 상자를 들고 있다.
당신이 한 일의 양은 얼마인가?

학창 시절 물리를 공부한 사람은 알겠지만 한 일의 양은 0이다.

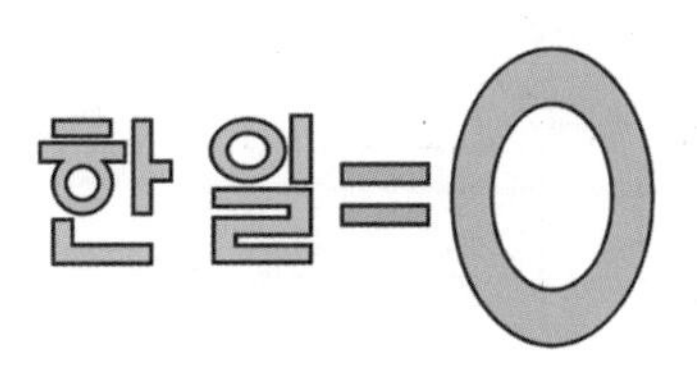

상자를 들고 있는 힘의 방향은 위쪽인데 이동 방향은
힘의 방향과 수직하기 때문이다.

일은 힘의 방향으로 이동할 때 생긴다.

물건을 들고만 있거나
힘의 방향으로 이동하지 않으면 한 일은 0이 된다.
이것들은 학교 시험 단골 문제 아닌가.

그런데 아무리 생각해도 이상하다. 왜 상자를 들고 있는 당신의 이마에는 땀이 흐르는 걸까? 아무 일도 하지 않았는데 말이다.

일을 한다는 것은 에너지를 전달하는 것이다. 당신이 일을 하지 않았다는 것은 상자에 에너지를 전달하지 않았다는 것이다.

하지만 이것이 당신이 에너지를 사용하지 않았다는 말은 아니다.

우리 근육은 가만히 놔두면 이완 상태에 있게 된다.
축 늘어지는 것이다. 움직이거나 무거운 것을 들고 있으려면
근육을 수축시켜야 한다.

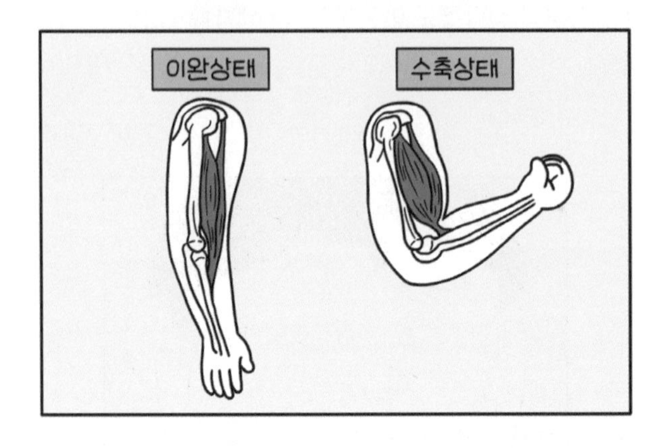

근육을 수축하려면 ATP라는 유기화합물로 근육에
에너지를 전달해야 한다. 그러니까 당신은 상자를 든 채로
서 있기 위해 에너지를 계속 사용하고 있던 것이다.

하지만 그렇다고 선생님께 따지지는 말자. 당신이 상자에
일을 하지 않은 것은 여전히 사실이기 때문이다.

그래도 참 다행이다. 땀은 우리를 배신하지 않는다는 사실이
여전히 유효하니까 말이다.

용하다는 점쟁이는 무엇이 다를까?

"과학이란 무엇인가요?"

내가 교단에서 학생들을 가르칠 때 첫 수업시간이면 항상 똑같이 했던 질문이다. 그럼 남학생들은 재밌게도 항상 똑같이 대답했다.

"야스오여!"

야스오를 아는 사람들이라면 대부분 '맞지! 야스오는 과학이지'라며 고개를 끄덕이겠지만 야스오를 모르는 독자들은 고개를 갸우뚱할 것이다. 그렇다면 이 문구는 어떠한가?

"탕수육에 찍먹은 과학입니다."

이제 조금 감이 오는가? 야스오는 청소년들이 즐겨하는 리그 오브 레전드라는 게임의 캐릭터이다. 리그 오브 레전드는 5명이 팀을 이루어 서로 경쟁하는 게임으로 팀원들은 각자 자신의 캐릭터를 고른다. 야스오 캐릭터는 매우 강하지만 조작이 어렵다. 그런데 많은 사람들이 자신의 게임 실력을 과대평가하고 야스오를 고른다. 그래서 야스오가 같은 팀에 있으면 많은 경우 패배를 맛본다.

'야스오가 같은 팀에 있으면 반드시 진다. 이것은 과학이다.' 그러니까 '야스오는 과학이다'라는 표현은 '야스오를 고르면 반드시 진다'라는 뜻이다.

여기에서 과학이란 말은 '반드시', '확실한'의 뜻으로 쓰였다. 이것은 현대 사회를 살아가는 우리가 과학을 어떻게 생각하는지 잘 드러내는 부분이다. 이뿐만 아니라 요즘에는 정말 많은 곳에 과학이란 말이 쓰인다. 뭐든지 과학이란 말을 앞에 붙이면 확실하고 정확한 것이 된다. 심지어 어떤 타로카드 집 앞에는 '과학적 타로카드 해석'이란 문구가 쓰여 있다. '과학'이란 단어를 아무 곳에나 쓰면 안 된다는 이야기를 하는 것은 아니다. 표현을 위해 특정 단어를 쓰지 못할 이유가 어디 있겠는가? 그런데 만약 '과학'이라는 단어를 '무조건 확실하다'는 의미를 전달하기 위해서 썼다면 그것은 틀렸다. 과학의 본성이 절대 그것을 가리키지 않기 때문이다.

진짜 과학의 탄생

과학은 인류가 돌멩이를 서로 부딪쳐 날카로운 돌멩이를 만든 시점 또는 불을 발견한 이래로 탄생했다고 봐야 할 것이다. 하지만 현대적 의미의 진짜 과학은 영국의 물리학자 윌리엄 길버트를 기점으로 탄생했다고 말하고 싶다. 영화 〈캐리비안의 해적〉과 만화 《원피스》 등 많은 영화와 만화의 배경이 되는 대항해 시대, 영국의 엘리자베스 1세가 스페인의 무적함대를 물리치고 태양이 지지 않는 나라 대영제국의 시대를 열어갈 때에 부유한 젠틀맨 계급의 신사 길버트가 배의 선원들과 항구에서 말다툼을 하고 있었다.

선원A 우리 배에 마늘은 안 되오.

길버트 걱정 말고 실어도 됩니다.

선원A 그게 고장 나면 우리는 바다에서 길을 잃게 되오. 그럼 그냥 죽은 거나 마찬가지요. 그렇게 쉽게 생각할 문제가 아니오.

길버트 그것에 마늘 냄새가 닿으면 고장 난다는 건 그냥 미신일 뿐이오.

선원B 미신이라고? 그건 우리가 직접 배를 타면서 경험한 거요! 당신은 배를 타본 적이나 있소?

선원C 잘 알지도 못하면서 무슨 소리를 하는 건지.

길버트 여러분은 잘못된 방법으로 결론을 내린 것입니다. 내가 그것이 미신이라는 것을 증명하겠소.

선원A 아무리 그래도 마늘은 안 되오!

선원들은 도대체 무엇을 마늘과 함께 배에 실을 수 없다고 말하는 것일까? 그건 바로 나침반이었다. 당시에는 항해 중에 나침반이 고장 나는 경우가 더러 있었다. 사방이 똑같은 망망대해에서 나침반이 고장 난다는 것은 생존과 직결되는 중요한 문제였는데, 선원들 사이에서는 '나침반에 마늘을 문지르면 고장 난다', '마늘 냄새가 닿으면 고장 난다' 같은 미신이 꽤 깊숙하게 자리 잡고 있었다.

길버트는 직접 실험을 통해 이와 같은 미신이 틀렸다는 사실을 최초로 입증한 사람이다. 길버트의 '마늘-나침반 실험 방법'에 대한 자세한 정보는 없지만 과학적 추론에 익숙한 우리는 어렵지 않게 그 과정을 추측할 수 있다.

먼저 길버트는 여러 개의 나침반을 준비하고 각 나침반마다 접촉하는 마늘 냄새의 강도와 시간 등을 조정했을 것이다. 또 완전히 접촉을 차단한 나침반도 두었을 것이다. 시간이 지나면서 간혹 무뎌지고 고장 나는 나침반들도 생겼겠지만 마늘 냄새의 강도, 접촉 시간과의 관계는 찾지 못했을 것이다. 또한 결정적으로 마늘과의 접촉을 차단한 나침반에서도 고장 나는 나침반이 나왔을 것이다. 그렇게 '마늘이 나침반을 고장 나게 한다는 가설'은 반증된다.

길버트는 자석에 관한 연구를 계속해서 이어갔고, 자성과 전기력이 서로 다르다는 사실을 알아내고 지구가 거대한 막대자석과 똑같다는 사실도 알아냈다.

길버트를 진짜 과학의 출발점으로 삼는 것은 길버트가 중요한 발견을 했기 때문이 아니다. 길버트가 기존의 과학 연구와 다르게 자신의 발견을 철저하게 실험과 관찰을 통해 증명했기 때문이다. 이것은 과학을 정의하는 매우 중요한 부분이다.

만물의 근원을 찾아서

고대 그리스의 철학자 가운데 뛰어난 선견지명을 지닌 사람들이 많았다. '만물의 근본이 물'이라고 주장했던 탈레스와 열띤 토론을 벌인 인물 아낙시만드로스도 그중 한 명이다. 그는 흑해 지도를 만들어서 밀레투스•의 선원들에게 나눠주는 등 실용적인 활동들을 많이 했다. 아낙시만드로스는 탈레스의 말처럼 모든 물질이 물로 이루어진다면 불은 이 세상에 존재할 수 없다고 생각했다. 왜냐하면 물은 불을 제거하는 역할을 했기 때문이다.

• 아나톨리아 서부 해안에 있던 고대 그리스 이오니아의 도시 이름으로, 현재는 터키에 속하는 지역이다.

아낙시만드로스는 '아페이론'이라는 만물의 근본을 주장했다. '아페이론'은 시간과 공간에 무한하게 뻗어 있는 물질의 근본이다. 하늘과 땅도 여기서 탄생했고 이 안에 존재하고 있다. 모든 만물이 여기서 탄생하고, 특히 서로 상반되는 물질이 여기서 공존하고 있다가 분리되어 나간다. 마치 판타지 소설 설정 같은 이 내용은 놀랍게도 현대 과학 이론과 흡사하다. 현대 과학은 1928년이 되어서야 텅 빈 공간이라고만 생각했던 진공의 새로운 의미를 발견했다.

영국의 이론물리학자 폴 디랙은 반입자가 이 세상에 존재한다는 것을 '디랙 방정식'을 통해 이론적으로 예측했다. 반입자는 입자(전자, 양성자, 중성자 등)와 질량을 포함한 모든 특성이 똑같지만 전하만 정반대의 성질을 가진다. 모든 입자에는 전하만 반대인 반입자가 존재해야 하고 이것을 입자-반입자 쌍이라 부른다. 전자의 반입자는 양전자, 양성자의 반입자는 반양성자, 중성자의 반입자는 반중성자로 불린다. 입자-반입자 쌍은 '디랙의 바다'라 불리는 진공 속에 존재하고 에너지에 의해 입자, 반입자로 분리되어 세상에 나타날 수 있다. 또 입자, 반입자가 서로 만나면 에너지를 방출하고 진공 속으로 사라진다. 어떠한가? 2600년 전 아낙시만드로스의 주장과 어째 흡사하지 않은가? 양전자는 실제로 1932년 칼 앤더슨에 의해 관찰되었다.

더욱 놀라운 사람은 데모크리토스이다. 미래에 타임머신이 개발되어 과거로 돌아간 사람이 있다면 난 이 사람이 아닐까 싶다. 데모크리토스는 어느 날 친구가 방으로 들고 온 빵의 냄새를 맡고 기이한 깨달음을 얻는다. 자신이 빵을 보기도 전에 빵이라는 것을 알았단 사실에 의문이 생긴 것이다. 그는 눈에 보이지 않는 빵의 본질이 허공을 가로질러 자기 코에 도달했다고 생각했다. 그리고 그 본질이 무엇일까 고민하다가 다음과 같은 생각에 이르게 된다.

> '물질을 쪼개다 보면 더 이상 쪼갤 수 없는 최소 단위에 도달할 수밖에 없다.'

데모크리토스는 이것을 '아트모스atmos'라 불렀다. 데모크리토스는 아트모스가 눈에 보이진 않지만 둥글거나 뾰족한 기본적 모양과 크기를 가지고 있다고 생각했다. 하지만 이 밖에 다른 특성이 있으면 안 되었다. 특성을 가지지 않는다는 것은 아트모스 안에 다른 세부 구조가 없다는 것과 같다.

데모크리토스의 아트모스는 현대 과학이 원자atom라 부르는 단어의 기원이 된다. 인류는 데모크리토스 이후 2000년이나 지난 1803년이 되어서야 물질의 근본으로 더 이상 쪼개지지 않는 입자를 생각하게 되었다. 그것이 존 돌턴의 원자 모형이다. 하지만 돌턴의 원자 모형은 조셉 존 톰슨이 원자에서 쪼개져 나온 전자를 발견하면서 틀린 것이 되었다. 원자 모형은 톰슨의 원자 모형으로 바뀐다. 하지만 다시 톰슨의 제자 러더퍼드가 톰슨의 원자 모형이 틀렸다는 것을 알아내고 러더퍼드 원자 모형으로 바뀐다. 러더퍼드 원자 모형도 얼마 되지 않아 틀리고 보어의 원자 모형으로 바뀐다. 그리고 보어의 원자 모형 역시 틀렸다.

최신 현대 과학은 만물의 근본을 표준 모형 이론으로 설명한다. 표준 모형은 이 세상을 18개 기본 입자들의 상호 작용으로 설명한다. 기본 입자들은 몇 가지 기본적 특성만 존재하고 세부 구조가 없다. 왠지 데모크리토스의 아트모스 냄새가 나지 않는가? 데모크리토스는 혹시 기본 입자를 두고 아트모스를 얘기한 것이 아닐까? 물론 데모크리토스가 얘기한 아트모스와 기본 입자도 다른 점이 있다. 하지만 미래에서 타임머신을 타고 온 데모크리토스가 과학을 교양으로만 접한 평범한 사람이었다면 완벽한 이론을 설명하지 못한 걸 수도 있지 않을까? 더 놀라운 점은 데모크리토스가 무한 우주를 주장했다는 사실이다. 그는 우주에는 다양한 크기의 세상이 존재하고 태양과 달이 없는 세상, 태양과 달이 여러 개인 세상도 있다고 말했다. 지구가 거북이 등에 올려져 있다고 생각하던 시절에 이런 생각을 했다니 정말 놀라운 일이다. 물론 데모크리토스가 타임머신을 타고 온 사람일 리는 없다. 현재 그럴듯한 타임머신 모델인 킵 손의 이론도 타임머신이 개발된 이후로만 돌아갈 수 있다.

그런데 말이다. 현대 과학 이론과 흡사한 주장을 한 데모크리토스의 과학이 시대를 2600년이나 앞서간 과학일까? 그렇지 않다. 설사 데모크리토스가 타임머신을 타고 과거로 온, 표준 이론을 어렴풋이 알고 있던 일반인이었다 할지라도 데모크리토스의 주장은 과학이 아니다. 반면 눈 오는 날 눈사람을 만들고 "눈사람이 추우니까 옷을 입혀줄까?"라는 질문에 "눈사람이 옷을 입으면 더워서 빨리 녹는다"는 우리 딸의 주장은 과학이다. 이것이 비록 틀린 것이라고 해도 말이다. 여기에는 중대한 차이가 있다.

용한 점쟁이의 비밀

점괘가 틀리지 않기로 소문난 무당이 있다. 그런데 이 용한 무당에게는 한 가지 비밀이 있다.

"사바사바 숭당당! 좋아, 됐어. 동자님이 말씀하셨어. 너 조만간 좋은 소식 있어!"

이 점괘는 틀리기가 어렵다. 먼저 동자님은 무당의 눈에만 보이고 동자님의 소리는 무당의 귀에만 들리는 존재다. 동자님이 말했는지 안 했는지 다른 사람은 확인할 수 없다. 그러니까 이건 틀릴 수 없는 사실이다. 또 조만간은 언제인가? 1시간 뒤인가? 내일인가? 내년인가? 생각하기에 따라 3년 그 이상도 될 수 있다. 그렇다면 좋은 일은 무엇인가? 경품에 당첨되는 일인가? 임신을 하는 것인가? 아니면 승진? 연애? 조만간 좋은 일이 발생한다는 사실이 틀렸다는 걸 증명할 수 있는가? 당신이 만약 죽을 때까지 좋은 일이 하나도 일어나지 않았다면 무당에게 틀렸다고 따질 수 있을지도 모른다.

처음부터 무당의 점괘는 틀릴 수 없는 점괘였다. 과학에서는 이를 '반증 가능성'이 낮다고 한다. 어떠한 사실이 틀렸다는 것을 증명할 수 있는 가능성이 낮다는 의미다. 반증 가능성이 높은 점괘는 이러하다.

"여기 미간에 지름 1.5cm 점이 있는 동자님이 말씀하신 거 들었지? 내일 오후 8시 47분 15초에 너 로또 당첨될 거야."

내일 로또가 당첨되지 않는다면 무당의 점괘는 틀렸다는 것이 완벽히 확인된다. 또 내일이 아니라 다음 주에 당첨되더라도 무당의 점괘는 틀렸다. 아마 이렇게 반증 가능성이 높은 점을 치는 무당이라면 당장 문을 닫을 것이다. 만약 반증 가능성이 높은데도 잘 맞추는 무당이 있다면 소개해주길 바란다.

과학은 반증 가능성이 높아야 한다. "눈사람이 옷을 입으면 더워서 빨리 녹는다"는 우리 딸의 주장은 반증 가능성이 있다. 옷을 입은 눈사람, 옷을 입지 않은 눈사람을 비교해보면 된다. 또 더울 경우, 덥지 않을 경우도 비교해볼 수 있다. 물론 주장이 틀렸다는 것이 밝혀지겠지만 새롭게 수정하면 된다.

과학의 발전은 지금까지 이렇게 끊임없는 틀림의 연속이었다. 지금까지의 원자 모형은 얼마나 많이 틀렸던가. 우리에게 알려지지 않고 사라진 원자 모형까지 합한다면 무수히 많은 가설들이 틀리고 사라지고 다시 써졌다. 우리의 생각과는 달리 과학은 늘 확실한 것이 아니었다.

과학자들이 과학을 확실한 것이라고 생각했다면 어떻게 되었을까? 톰슨이 돌턴의 원자 모형을 확실한 것이라고 생각했다면 원자에서 튀어나온 음극선(전자)을 발견한 순간 그것이 새로운 입자라는 생각을 하지 않았을 것이다. 아인슈타인이 뉴턴의 중력 이론이 확실한 것이라고 생각했다면 일반 상대성 이론은 나오지 않았을 거다.

아인슈타인 이후 최고의 천재라 불리는 리처드 파인만은 다음과 같이 말했다.

> "만약 새로운 길을 탐색할 능력이나 의지가 없다면, 또 만약 우리가 더 이상 의심하지 않거나 무지함을 인정하지 않는다면 우리는 결코 어떤 새로운 아이디어도 얻을 수 없을 것이다."

우리가 과학을 확실한 것이라고 생각한다면 그래서 의심하지 않는다면 우리는 어떠한 과학 발전도 이룰 수 없다. 과학이 확실한 것이라면 우리는 이미 종착역에 와 있기 때문이다. 그럼 이제 앞으로 나아갈 길은 더 이상 없다.

좋은 과학은 틀리고 끊임없이 의심해야 한다. 자신이 틀렸다는 것을 쉽게 증명할 수 있어야 한다. '지구는 태양 주위를 돈다'보다 '지구는 태양 주위를 원 궤도로 돈다'가 더 좋은 과학이다. 앞의 주장은 지구가 태양 주위를 타원으로 도는 것을 관측해도 틀렸다고 증명(반증)되지 않는다. 하지만 뒤의 주장은 반증된다. 그래서 '지구는 태양 주위를 타원 궤도로 돈다'로 수정할 수 있다. 과학은 지금까지 자신이 틀렸다는 것을 끊임없이 증명해왔다. 자신을 의심했고 틀렸다는 것을 쉽게 증명할 수 있도록 했다.

고대 그리스 철학자들은 어떠했는가? 그들의 주장은 오로지 마음속에서 나왔다. 실제 세계의 관측과 측정을 통해 나오지 않았다. 눈에 보이지 않는 데모크리토스의 아트모스를 반증할 수 있는가? 아트모스가 네모난지 세모난지 어떻게 확인할 수 있는가? 데모크리토스는 자신의 주장을 반증할 방법을 제시하지 않았다. 그들은 그것이 중요하다고 생각하지 않았다. 그들이 생각한 이상 세계는 마음으로만 존재하는 것이었기 때문이다. 그들의 주장은 틀리지 않을 수 있지만 과학이 될 수는 없다.

그때는 맞고 지금은 틀리다

앞서 등장한 길버트는 어땠을까? 길버트는 자신의 실험을 어느 누구라도 재현할 수 있게 구체적 방법을 서술했다. 누구나 자신의 발견이 틀렸다는 것을 검증할 수 있게 한 것이다. 길버트는 그렇게 실제의 관찰로만 연구하여 집필된 세계 최초의 저서 《자석에 관하여》를 출판한다. 인류의 진짜 과학은 비로소 이때 출발한 것이다.

그럼 한 가지 의문이 든다. 왜 사람들은 확실하지 않은 과학을 그토록 신뢰하는 걸까? 확실하다는 것을 강조하기 위해 왜 과학이란 표현을 사용하는 걸까? 과학은 계속 틀리는데 말이다.

옛날에 A와 B 두 사람이 있었다. A는 자신의 주장이 무조건 확실하다고 말하는 사람이었다. A는 사람들에게 자신이 맞았다는 것을 계속해서 보여줬다. 그런데 B는 자신이 틀릴 수도 있다고 주장하는 사람이었다. 그는 오히려 자신이 틀렸다는 것을 계속해서 증명했다.

사람들은 처음에는 확실하다고 주장한 A를 더 신뢰했다. A는 실제로 많은 부분이 옳았고 B는 많이 틀렸다. 그런데 간혹 A에게 틀린 것이 나타났고 A는 이 사실을 감추기 시작했다. B는 자신이 틀린 것을 모두에게 알리고 새롭게 바꿨다. 그리고 누구나 B가 새롭게 바꾼 사실이 틀렸다는 것을 검증할 수 있도록 했다. A는 확실하다고 말한 처음의 주장을 바꿀 수 없었고 B는 끊임없이 자신의 주장을 개선했다.

그러자 어느 순간 사람들의 생각이 바뀌었다. A가 확실하다고 한 것은 틀릴 수 있었고 그것을 A가 숨길 수 있다는 생각이 들었다. 그런데 B가 틀릴 수 있다고 말한 것은 틀릴 수도 있지만 누구나 틀렸다는 것을 검증할 수 있었고 아직 틀린 게 확인되지 않았다면 정말 신뢰할 수 있었다. 사람들은 이제 B를 더 신뢰하게 되었다. B의 이름은 과학이다.

우리는 이제 B의 주장을 신뢰하지만 그렇다고 A의 주장이 사라진 것은 아니다. 우리의 주변 곳곳에는 아직도 확신의 함정이 넘쳐난다. 우리에게 '무조건 맞다'라는 믿음은 너무나 매혹적이다.

점쟁이의 반증 가능성 낮은 주장과 우연한 한두 번의 맞음이 무조건적인 믿음으로 이어진다. 미역국을 먹은 날 두 번이나 시험을 망쳤다면 이건 확실한 징크스가 된다. 이 징크스가 틀릴 수 있다는 생각은 떠올리지 못한다. 국민 청원, 마녀사냥, 언론 조작 등 단편적인 정보만을 접하고 우리는 확신에 빠져 실수를 저지르게 된다. 틀릴 수 있다는 생각은 하지 못한다. 우리에게는 아직 A의 주장이 너무 매력적이다. 그런데 정말 확실한가? 그 주장이 틀렸다는 것을 증명할 방법이 있는가? 그런데 틀리지 않은 것인가?

국가가 과학을 의무적으로 가르치는 것은 사과가 땅으로 떨어지는 시간을 계산하고 DNA의 염기서열을 암기하게 만들기 위해서만은 아니다. 과학은 끊임없이 자신의 틀림을 증명하면서 인류를 기아에서 구해냈다. 인류가 생존이 목적이 아닌 자아실현의 삶을 살아갈 수 있게 해주었다. 우리가 이런 과학의 본성을 이해하고 과학적으로 사고하는 방법을 갖추는 것은 현대사회를 살아가는 데 꼭 필요한 소양이다.

야스오는 과학이다, 여기서 무언가 불편함이 느껴지는가? 그렇다면 과학을 제대로 이해해가고 있는 것이다. 우리가 진짜 신뢰해야 하는 것은 '무조건 맞다'가 아니라 '아직 틀리지 않았다'이다. 이것이 과학이다.

당신이 몰랐던 항문의 쓸모

1988년 테네시 의대 페스미아 박사에게 한 환자가 찾아왔다.
이 환자는 1분에 30번의 딸꾹질을 무려 72시간이나 하고 있었다.

그렇게 오래 딸꾹질을 하는 것이 가능하다니.
그런데 이 사람보다 더 오래 딸꾹질을 한 사람도 있다.
세계에서 딸꾹질을 가장 많이 한 사람으로 기네스북에 오른
미국인 찰스 오스본이다.

429,999,999번째 딸꾹질

그는 1922년부터 무려 68년 동안 딸꾹질을 했다.
1.5초에 한 번씩, 총 4억 3,000만 번을 한 것이다.

그러다 96세가 되던 1990년에 갑자기 딸꾹질이 멈췄다.
그리고 다음 해에 사망했다.

페스미아 박사는 자신을 찾아온 환자를 위해
모든 치료법을 동원했지만 딸꾹질은 멈추지 않았다.
결국 박사는 최후의 방법을 사용했다.

그것은 바로 … 환자의 항문에 손을 집어넣는 것이다.
그런데 이게 무슨 일인가, 그러자 마법같이 딸꾹질이 멈췄다.

그는 어떻게 딸꾹질을 멈출 수 있었을까?
먼저 딸꾹질의 원리부터 살펴보자.
우리는 숨을 들이마시기 위해 갈비뼈 바로 아래에
가로로 뻗어 있는 근육인 횡격막을 아래로 내린다. 그럼 폐를
둘러싼 흉강의 압력이 낮아져 바깥의 공기가 폐로 들어오게 된다.

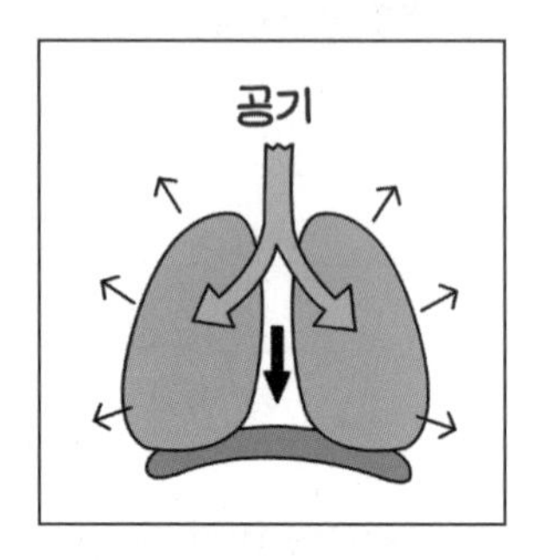

반대로 숨을 내쉴 때는 횡격막을 위로 올리며 폐를 수축시킨다.
압력을 이용해 폐를 쥐어짜는 것이다.

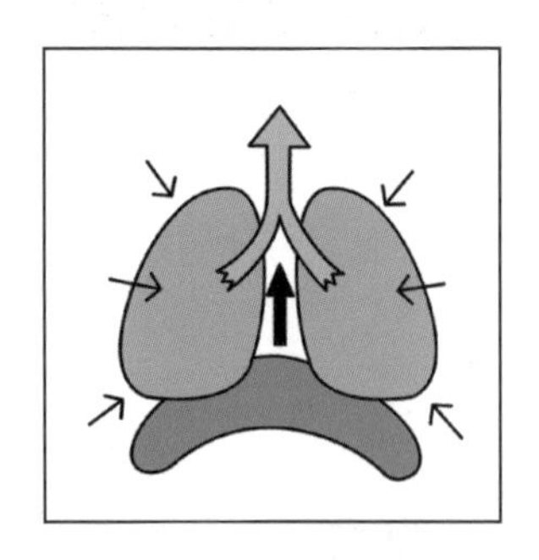

고맙게도 횡격막의 오르내림은 우리가 의도하지 않아도
자동으로 이루어지게 시스템되었다. 자율신경의 하나인
미주신경이 뇌와 횡격막 사이의 신호를 전달하며 규칙적인
오르내림을 만드는 것이다.

그런데 가끔 미주신경 신호가 고장 나면
횡격막이 불규칙적으로 떨리게 된다.
그럼 우리는 딸꾹질을 시작하게 되는 것이다.

이때 미주신경을 자극하면 딸꾹질을 멈출 수 있는데
항문 안쪽에는 미주 신경이 모여 있기 때문에
항문에 손을 넣는 것이다.

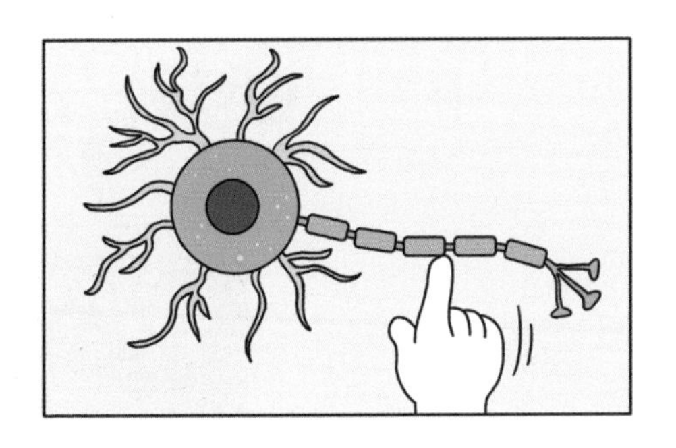

이후에 페스미아 박사는 항문에 손가락을 넣는 방법 말고도
오르가슴이 딸꾹질을 멈추는 동일한 효과를 가진다고도 밝혔다.
그리고 2006년 페스미아 박사는 이 공로로
이그 노벨상을 수상하게 된다.

딸꾹질을 멈추는 일 외에도 항문은 전립선을 검사하는
직장수지검사에 사용된다. 전립선 암과 염증이 의심될 때 검사자가
항문에 손가락을 직접 삽입하여 직장 부위에 종양이나
비정상적인 소견이 있는지 확인하는 것이다. 전립선 암은
남성에게만 발생하지만 남녀에게 발생하는 모든 암을 통틀어
다섯 번째로 많이 발생하는 암이다.
의외로 우리 주변의 많은 사람이 직장수지검사를 경험한다.

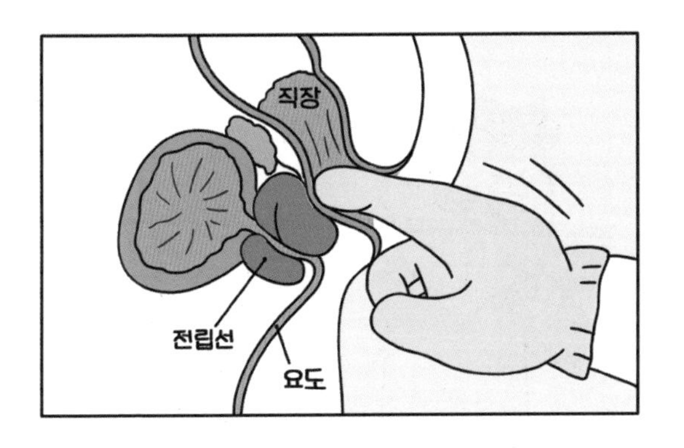

또한 항문은 약을 체내로 흡수시키는 과정에서도 매우 효과적이다.
직장에서 문맥이나 대정맥으로 바로 흡수되어
경구약보다 효과가 빠르고 혈중 농도가 높게 된다.

이그 노벨상
미국 하버드대학교의 유머과학잡지인 《황당무계 리서치 연보(Annals of Improbable Research)》가 과학에 대한 관심을 불러일으키기 위해 제정한 상으로 일반적으로 웃기거나 잉여스러운 연구에 수여된다.

어릴 때 좌약 해열제를 엄마가 한 번씩 놔줬을지도 모른다.

한번 엄마에게 물어보자.

카밀라 발리예바의 도핑은 정말 불공정한가

하얀 빙판 위, 보랏빛 드레스를 입은 아름다운 소녀가 서 있다. 스피커에서 피아노 건반의 우아한 선율이 흐르자 소녀는 빙판을 미끄러지며 멋진 연기를 펼친다. 이 소녀는 2022년 베이징 올림픽에 참가한 러시아 올림픽 위원회 소속 피겨 선수 카밀라 발리예바다. 그런데 조금 이상하다. 스케이트 날이 얼음을 가르는 소리가 유난히 크게 들린다. 그 순간 발리예바의 트리플 악셀 실수가 나왔다. 중요한 실수가 틀림없는데도 TV에선 조용하다. 이럴 수가! 난 그제야 중계진이 아무런 말도 하지 않고 있다는 것을 깨달았다. 그리고 카밀라 발리예바가 도핑에 적발된 상태에서 올림픽에 참가했다는 사실도 알게 되었다.

카밀라 발리예바는 2021년 12월 유럽선수권 대회에서 제출한 소변 샘플에서 금지 약물인 '트리메타지딘'이 검출되면서 도핑 파문에 시달렸다. 트리메타지딘은 협심증* 치료제로 쓰이는 약물이다. 심장에서는 에너지원으로 지방산과 포도당이 6 대 4 정도로 사용된다. 하지만 운동 등을 통해 산소가 부족한 상태에서는 지방산이 더 많이 사용된다. 그러면 통증의 원인이 되는 젖산이 축적되고 세포 내 PH도 감소한다. 쉽게 말해 피로해지고 유산소 능력이 떨어진다. 우리가 전력 질주로 오래 달리지 못하는 이유 중 하나가 이것이다.

트리메타지딘은 심장에서 에너지원으로 지방산보다 포도당을 더 많이 사용하게 만들어 유산소 능력을 좋게 만든다.** 그러면 더 뛰어난 운동 능력을 발휘할 수 있고 더 많은 훈련도 소화할 수 있다. 발리예바가 도핑을 한 이유는 여기에 있을 것이다. 하지만 모든 약물에는 부작용 위험이 있다. 트리메타지딘은 환자에게 사용되는 의약품인 만큼 부작용 발생률은 크지 않지만 장기간 복용했을 경우에 무기력, 설사, 심한 경우 파킨슨병까지 일어나는 부작용이 존재한다.

이미 합의된 규정을 어기고 도핑을 하는 것은 불공정한 행위가 틀림없다. 또한 선수들의 건강을 해치는 도핑 약물은 금지되어야 한다. 그런데 만약 어떤 도핑 약물이 건강에 해롭지 않다면 도핑 행위를 금지해야 할까? 또 만약 선수들이 초월적인 훈

* 심장근육에 충분한 혈액 공급이 이루어지지 않아 생기는 가슴통증을 말한다.
** 트리메타지딘의 효능은 정상인 대상이 아닌 환자를 대상으로 한 임상 데이터이다.

련량을 소화할 때 도핑 약물이 몸의 부담을 줄여준다면 이 약물은 금지해야 할까? 아마 대부분 그래도 금지해야 한다고 생각할지도 모른다. 노력 없이 약물을 통해 쉽게 능력을 키우는 것은 공정하지도 옳지도 못하다고 생각하기 때문이다. 그런데 이건 정말 공정하지 않은 것일까? 당연한 것 같은 이 문제는 생각보다 복잡하다.

인간은 체계적 훈련을 통해 자신의 체력을 극한까지 단련할 수 있는 유일한 동물이다. 하지만 인간이 아무리 힘을 기른다고 하더라도 사자를 이길 수는 없는 법이다. 인간과 사자의 이런 차이는 마이오스타틴 유전자MSTN 때문이다. MSTN 유전자는 동물의 근육량이 어느 수준에 도달했을 때 더 이상 성장하지 못하도록 막는다. 즉, 인간은 아무리 단련해도 사자의 근육량을 넘을 수 없게 설계되었다. 이것은 인간이라는 같은 종 내에서도 마찬가지다. MSTN 유전자의 차이가 근육량의 차이를 가져온다. 당신이 아무리 운동을 해도 근육이 안 생긴다고 투덜댄 게 반드시 핑계만은 아니었던 것이다.

반면에 어떤 이들은 운동을 열심히 하지 않아도 타고난 유전자 덕분에 탄탄한 근육을 지니게 된다. 대부분의 육상 챔피언 선수들은 ACTN3 유전자의 변종인 R대립 형질 유전자를 갖고 있다. 이 유전자는 순발력 근육을 만드는 단백질을 생산하고 근력 향상과 부상 회복에 관여한다. 세계 최고의 스포츠 선수가 되는데 개인의 타고난 재능•이 필요하다는 사실은 모든 스포츠 선수들이 인정할 것이다.

타고난 재능은 덜 노력하고 더 많이 성취하는 결과를 만들어 낸다. 열심히 노력해도 재능 부족으로 자신의 한계를 극복하지 못하는 경우는 존재한다. 그렇다면 약물을 통해 자신의 타고난 신체를 극복하는 것은 불공정하고 옳지 못한 행위일까? 앞으로 도핑 약물이 건강에 완전히 무해해진다면 어떠할까? 그렇다면 이 약물을 통하여 개인의 선천적 조건과 능력을 변화시키는 것은 수용할 수 있는 것일까?

신의 가위 등장

덴마크 요거트 제조회사에게 박테리오파지*는 오랜 시간 매우 골칫거리였다. 요거트 배양에 필요한 유산균을 박테리오파지가 공격해 떼죽음을 당하는 일이 빈번했기 때문이다. 유산균은 박테리아고 박테리오파지는 바이러스의 한 종류이다. 요거트 제조회사는 박테리아가 파지에 대항할 방법을 찾기 위해 많은 돈을 투자했다. 하지만 박테리아는 이미 그런 무기를 가지고 있었다.

박테리아와 파지의 전쟁은 사실 지구상에서 가장 오래된 전

* 여기서 재능은 선천적으로 타고난 개인의 능력을 의미한다.

쟁이다. 이 둘은 무려 30억 년 동안 치고받았다. 서로를 공격하고 방어하면서 진화를 거듭했고 서로에게 대항하는 무기를 만들었다. 덴마크 다니스코사•의 연구 직원이었던 로돌프 바랑구와 필리프 오르바트는 파지의 공격에도 꿋꿋이 살아남는 유산균들에게 집중했다. 그리고 2005년, 둘은 살아남은 유산균들 속에서 박테리오파지의 DNA를 기억하고 파괴하는 크리스퍼 시스템을 발견한다. 과학자들은 추후 연구를 통해 이것으로 인간 DNA의 특정 유전자를 잘라내고 새로운 유전자를 붙일 수 있다는 사실을 알게 된다. 이것을 크리스퍼 유전자 가위CRISPR-Cas9라 부른다.

2020년 노벨 화학상의 주인공은 바로 이 크리스퍼 유전자 가위를 개발한 제니퍼 A. 다우드나와 에마뉘엘 샤르팡티에 두 과학자였다. 크리스퍼 유전자 가위는 우리 삶을 송두리째 변화시킬 혁신적인 기술이었다. 과학자들은 크리스퍼 기술을 아주 조심스럽게 다뤘고 이를 사용해도 되는지에 대한 우려가 항상 따라다녔다. 과학자들은 크리스퍼 가위 사용에 대한 엄격한 연구 윤리 규정도 만들었다. 그러면서 조사이어 재이너 같은 바이오해커들도 등장한다. 그들은 인간은 누구나 자신의 유전자를 개조할 수 있는 권리를 가진다고 주장하며 적극적인 기술 개발과 임상 실험을 주장했다. 심지어 재이너는 자신의 차고에서 유전

• 박테리오는 '세균'이란 뜻이고, 파지는 '먹는다'는 뜻이다. 즉 박테리오파지는 세균을 잡아먹는 바이러스라는 의미다.

자 조작 DIY 키트를 제작하여 인터넷을 통해 판매하기도 한다.

크리스퍼 가위는 배아 세포 단계에 적용하는 것이 더 간단하다. 편집할 세포 수가 적기 때문이다. 배아 세포에 적용하면 인간 DNA의 완전한 편집이 일어난다. 이제 우리가 우리를 직접 설계하는 것이 가능한 것이다. 자연 선택에 따른 종의 진화가 인간 선택에 따른 진화로 바뀐다. 우리가 신의 자리에 오르는 것이다. 그리고 그것이 실제로 일어났다.

크리스퍼 쌍둥이가 우리에게 던지는 질문

2018년 중국 과학자 허젠쿠이가 유전자 편집을 통해 에이즈 저항성을 갖게 한 쌍둥이를 탄생시킨다. 허젠쿠이는 에이즈 감염자인 부모로부터 아이를 보호하기 위해 연구를 진행한 것이라고 밝혔다. 하지만 아이를 에이즈의 감염으로부터 보호하기 위해선 꼭 유전자 편집만 가능했던 것은 아니었다. 또한 허젠쿠이는 생식계열의 유전자 편집을 허용하지 않는다는 과학자들 사이의 합의를 어겼다. 허젠쿠이는 결국 재판에서 불법 의료 행위로 징역 3년과 평생 생식 의학 관련 분야에서 일할 수 없는 처벌을 받았다. 그리고 지금 그와 크리스퍼 쌍둥이의 행방은 공

• 현 듀폰-다니스코사, 세계 3대 유산균 제조회사이다.

개되지 않고 있다.

허젠쿠이의 연구는 윤리적으로 많은 잘못이 있었고 그가 사용한 편집 기술이 의학적인 목적에 도움이 되었는지도 확실하지 않다. 그럼에도 어떠한 면에서는 유전자 연구의 자극점이 되었다. 이후 각지에서 본격적인 기술 연구와 특허 전쟁이 시작되었다. 크리스퍼 유전자 가위의 개발로 노벨상은 다우드나와 샤르팡티에가 차지했지만 재미있게도 크리스퍼 유전자 가위를 사용하는 기술의 특허는 브로드 연구소의 펑장 교수 팀이 차지했다. 2019년 발생한 코로나19 바이러스의 진단키트, 백신과 치료제 개발에도 크리스퍼 기술이 사용되었다. 크리스퍼 유전자 가위의 본격적인 서막이 열린 것이다. 그런데 여기서 잠깐 생각해 보자. 우리가 과연 이 기술을 사용해도 되는 걸까?

미국 뉴저지주의 신생 기업 '게노믹 프리딕션'은 체외 수정된 배아 세포들의 DNA 발현 정보를 통계적으로 부모에게 알려준다. 부모는 배아 세포의 유전자 이상을 알 수 있고 당뇨병, 심장 질환, 고혈압 등의 질병 발생도 통계적으로 알 수 있다. 신장도 선별 가능하고 앞으로 지능 지수까지 예측 가능하다고 한다. 부모는 이런 통계적 자료를 보고 원하는 배아 세포를 선택해 임신이 가능하다. 이 기술에 크리스퍼 유전자 가위가 적용된다면 어떻게 될까? 어쩌면 우리는 공장에서 제품을 주문하듯 아기를 쇼핑하고 맞춤 주문하게 될지도 모른다.

그런데 부모가 우리의 동의도 없이 마음대로 우리의 외모, 능력, 성격을 결정하는 것이 옳은 걸까? 그럼 반대로 다른 친구들은 모두 유전자 편집으로 큰 키와 똑똑한 머리를 가졌는데 당신은 작은 키와 나쁜 머리를 가졌다면 부모를 원망하지 않을 수 있는가?

조금만 생각해봐도 골치 아픈 문제들이 산더미다. 부모가 검은색 모발을 원하지 않는다면 허용해야 하는가? 만약 인간이 임의대로 유전자 편집을 하는 것이 도덕적으로 옳지 않다면 장애가 있는 것을 알고 고칠 수 있는데 그대로 두는 것은 옳은 건가? 장애를 고치는 것만 허용한다면 왜 그래야 하는가? 성형수술은 되는데 DNA 편집은 안 되는가? 부모가 자신과 똑같은 장애를 가진 아이를 원한다면 허용해야 하는가? 허용과 비허용의 기준은 누가 어떻게 정해야 하는가? 유전자 편집으로 나와 다른 DNA를 가지고 태어난 아이를 나의 아이라고 할 수 있는가? 그럼 반대로 다른 사람의 배아 세포를 나의 유전자와 똑같게 편집한다면 나의 아이라 해야 하는가?

우리는 신의 가위를 발견했지만 아쉽게도 주의 사항이 담겨 있지 않았다. 신의 가위는 허젠쿠이 사건으로 잠깐 모습을 드러낸 뒤 다시 상자 안에 담겼다. 우리는 두려움 반, 설렘 반으로 상자를 지켜보고 있다. 하지만 언제나 그랬듯 인간은 결국 이 판도라의 상자를 열 것이다. 상자에서 튀어나올 충격과 혼돈은 무엇일까? 이제 재능은 더 이상 신성하지 않다. 재능은 만들어질 수 있다. 그럼 도핑처럼 스포츠계에는 유전자 가위 금지 규정이 생길까? 우리가 추구하는 가치는 어떻게 변화할까? 확실한 건 상자가 열리기 전 우리에겐 많은 준비가 필요하다는 것이다.

과연 그들은 힘을 모아 강을 건널 수 있을까?

어느 날 유튜브 영상을 보는데 재미있는 실험이 진행되었다.
초등학교 도덕 교과서에 나왔던 내용에 대한 실험이었다.

통나무를 든 사람이 다리가 없는 강을 건너야 한다.
통나무를 든 사람 혼자서는 건널 수 없지만,
세 사람이 힘을 합치면 건널 수 있다고 한다.

먼저 통나무를 세 사람이 일정한 간격으로 든다.
처음엔 맨 앞사람이 통나무에 매달리고
뒤의 두 사람이 들어서 강 건너로 옮겨준다.

그다음은 가운데 사람이 매달리고
앞뒤의 사람이 들어서 강 건너로 옮겨준다.

마지막 사람은 맨 앞사람과 같은 방식으로 건너온다.

어렵지 않다. 굉장히 쉬운 일이다.
그런데 이상하게 실험은 계속해서 실패했다.
통나무를 충분히 들 수 있는 사람들로 섭외했는데도 말이다.

도대체 왜 실패했을까? 그냥 세 사람이 통나무를 들고 옮기는
간단한 일인데 말이다.

문제를 쉽게 하기 위해 세 명의 몸무게가 같고,
통나무의 밀도도 균일하다고 하자.

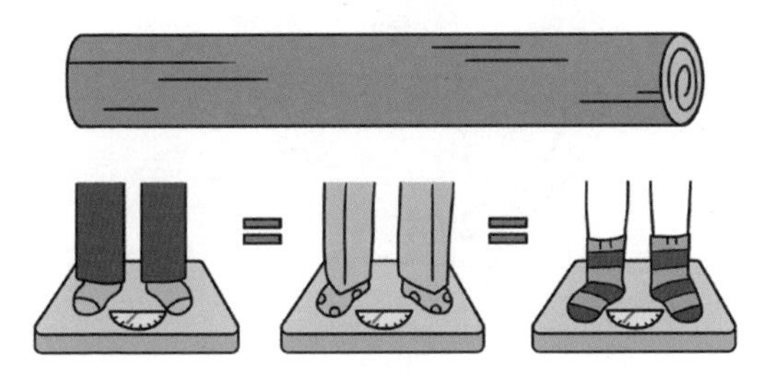

우리는 앞사람이 강을 건널 때 뒤의 두 명이 그림처럼
통나무 무게와 맨 앞사람 무게만 버티면 된다고 생각한다.

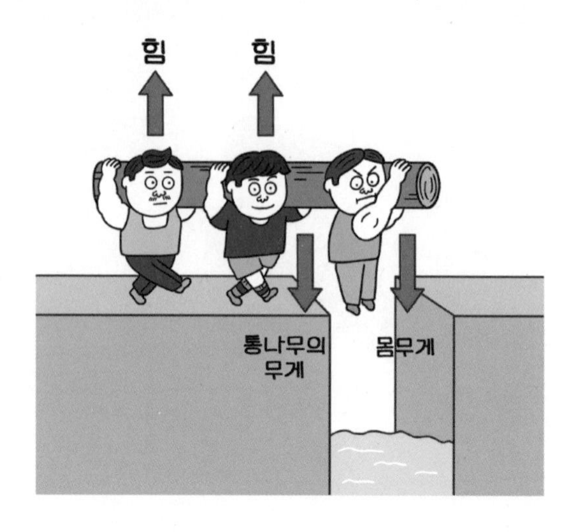

그런데 이렇게 힘이 작용하면 통나무는 회전하게 된다.

통나무의 회전을 막으려면 가장 마지막 친구는
위가 아니라 아래로 힘을 주어야 한다.
마지막 친구는 자신을 내리누르는 통나무를 떠받치는 게 아니라
위로 올라가려는 통나무를 아래로 붙잡고 있을 것이다.

그래야 돌림힘의 평형을 만들 수 있다. 그럼 사실상
앞뒤의 두 명이 통나무에 매달린 것과 같다. 가운데 친구는
통나무의 무게와 앞뒤 친구의 무게까지 혼자 견뎌야 하는데
그 무게가 200kg은 거뜬히 넘을 것이다.

이것은 도덕 교과서의 내용처럼 쉬운 일이 아니다.
이게 가능한 힘이면 통나무를 혼자 짊어진 채
점프를 하는 게 더 나을지도 모른다.

때론 우리는 팀원들과 힘을 합쳐 어려운 일들을
쉽게 이겨냈다고 생각한다. 하지만 그곳엔 무거운 짐을
혼자 짊어진 사람이 있기 마련이다.

참 고마운 사람이다. 오늘 커피 한잔 건네는 건 어떨까.

호크아이는 처벌받아야 할까?

영화 〈어벤져스〉 1편에는 빌런 로키가 등장한다. 로키는 치타우리 셉터•를 사람들의 가슴팍에 찔러 그 사람의 정신을 조종한다. 어벤져스의 호크아이도 그의 희생양 중 하나였다. 로키에게 세뇌당한 호크아이는 뛰어난 활 솜씨와 전투 감각으로 사람들을 공격하고 비행기, 기지 등을 사정없이 파괴했다. 호크아이는 블랙 위도우와 싸우다가 쇠 난간에 머리를 세게 들이박는다. 그리고 다행히 제정신을 차린다. 그런데 여기서 이런 의문이 든다. 로키에게 조종당한 호크아이를 처벌해야 할까?

아마 우리의 마음속은 '처벌하면 안 된다'는 쪽으로 기울고

• 마블 시네마틱 유니버스에 등장하는 무기로 치타우리 종족의 왕권을 상징하며, 타노스의 명령으로 아더가 로키에게 하사했다. 그래서 작중에서는 '로키의 창'이라고도 불린다.

있을지 모른다. 이는 우리가 물질로 이루어진 육체와는 별개로 자신을 결정하는 영혼이나 정신 같은 요소의 존재를 생각하기 때문이다. 그래서 정신이 조종당한 호크아이를 타인의 의지를 지닌 다른 사람이라고 생각하게 된다. 하지만 현대의 뇌 과학은 우리의 이런 생각에 물음표를 던진다.

자기공명영상장치mri• 등 뇌를 들여다볼 수 있는 과학 기술이 발달하고, 뇌 해부 지식과 뇌 환자 임상 사례들이 축적되면서 뇌 과학자들은 이제 뇌의 특정 부위들이 신체의 어떤 영역을 담당하는지 알아냈다. 전두엽은 언어 능력과 기억력, 사고력, 논리력을 담당한다. 두정엽은 공감각, 측두엽은 청각, 후두엽은 시각, 소뇌는 인지 및 운동 능력을 조정한다.

범죄자의 뇌

1848년 9월 13일 미국 철도공사 현장에서 다이너마이트 폭발 사고가 일어났다. 폭발의 충격으로 직경 3cm, 길이 1m의 작은 철막대가 현장에 있던 감독관 피어니스 게이지의 왼쪽 뺨에서 오른쪽 머리 윗부분으로 뚫고 지나갔다. 게이지는 기적적으로 생존했지만 그의 머리에는 지름 9cm가 넘는 구멍이 생겼다.

• 자기공명영상(Magnetic Resonance Imaging)은 수소 원자핵이 자기장 내에서 자기장과 상호 작용하며 특정 주파수의 전자파를 흡수·방출하는 패턴을 측정함으로써 영상을 형성한다.

이 사고로 게이지의 왼쪽 대뇌의 전두엽이 손상되었다. 게이지를 치료했던 존 마틴 할로우 의사는 외상 후 게이지의 변화를 관찰한 연구 결과를 발표한다. 게이지는 언어 능력이나 기억 등의 지적 능력을 상실했을 뿐 아니라 사려 깊고 침착하던 성격이 충동적이고 무절제하게 바뀌었다. 마치 다른 사람이 된 것 같았다. 이 사건을 계기로 뇌와 정신 작용의 관계를 연구하는 신경과학이 발전한다.

1966년 미국 텍사스 오스틴대학교의 공대생 찰스 휘트먼은 교내 시계탑 전망대에 올라가 무차별 총기 사격을 했다. 이로 인해 15명이 사망하고 33명이 다쳤다. 휘트먼은 그 자리에서 경찰의 총에 맞아 사망했다. 그는 범행 전 어머니와 아내까지도 살해했다. 집에서 발견된 그의 노트에는 최근 자신을 이해할 수 없으며 이상한 생각 때문에 고통스럽다는 메모가 있었다. 그리고 부검 결과 그의 감정 조절 편도체에서 커다란 종양이 발견되었다.

소아기호증을 앓던 한 40대 남자교사가 있었다. 그는 소아포르노에 집착했고 입양한 딸을 성폭행해 수감되었다. 그는 재활 치료 중에도 부적절한 성충동을 보였다. 그런데 MRI로 뇌를 분석한 결과 충동 조절을 담당하는 안와전두피질•에서 종양이 발견되었다. 종양 제거 후 놀랍게도 소아기호증이 사라졌지만 수년 뒤 종양이 재발하면서 소아기호증 증상이 다시 나타났다.

• 의사결정 및 기타 인지과정에 관여하는 대뇌피질 부위. 전두엽 아래 눈 뒤에 위치한 부위로, 다양한 뇌 영역과 연결되어 있다.

뇌 과학자의 뇌와 마음

하버드대의 신경해부학 질 볼트 테일러 박사는 뇌졸중을 겪으며 자신의 변화를 직접 관찰한 뇌 과학자이다. 그녀는 좌뇌의 기능이 멈추면서 몸에 어떠한 변화가 일어나는지 실시간으로 체험했다. 그리고 뇌졸중에서 회복해 좌뇌의 기능이 다시 복구되며 일어나는 변화도 겪었다.

그녀가 겪은 현상은 놀랍게도 자아의 변화였다. 뇌졸중으로 좌뇌에 피가 점점 고이자 좌뇌의 기능이 멈춰갔다. 언어 기능이 멈추고 몸의 경계가 구분되지 않게 되었다. 그런데 위기의 순간에 그녀는 오히려 치밀했던 성격이 느슨해지며 편안한 기분이 들고 행복감이 찾아왔다. 좌뇌가 완전히 멈췄을 때 그녀는 마치 자신이 우주의 흐름과 하나가 된 것 같았다.

많은 실제 사례와 연구 결과는 우리가 생각하는 마음, 의지, 자아 역시 뇌의 작용일 뿐이라는 결론을 이끈다. 오늘날 현대 정신의학은 감정을 느끼고 행동하는 것 역시 뇌가 결정한다는 입장을 따른다. 해부학적으로 우리 뇌는 좌뇌, 우뇌가 각각 두 부분으로 이루어져 있다.

질 볼트 테일러에 따르면 좌뇌, 우뇌는 모두 감정을 담당하는 부분, 사고를 담당하는 부분을 각각 하나씩 가진다. 뇌의 네 가지 부분은 각각 담당하는 역할이 다르다.

감정형 좌뇌는 우리를 위험에서 보호하는 역할을 한다. 그래

뇌의 구조

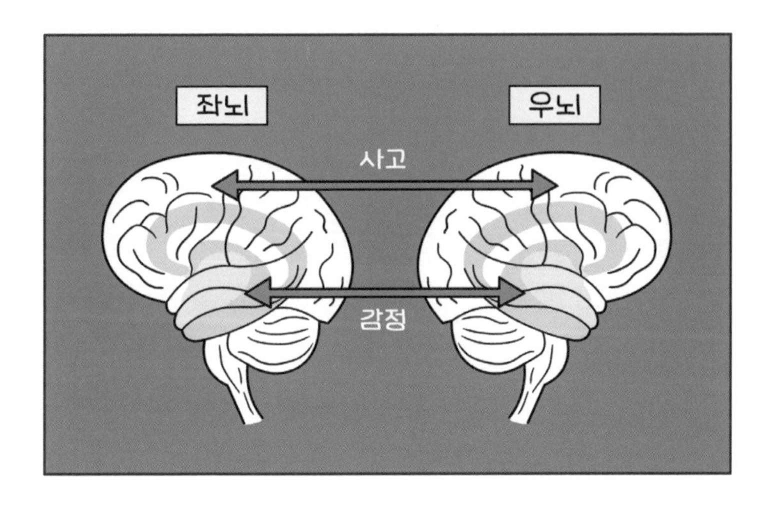

서 분노와 공포, 비판의 감정을 일으킨다. 사고형 좌뇌는 합리적 사고, 계획적 행동, 절제의 역할을 맡는다. 감정형 우뇌는 공동체 의식, 현재의 즐거움, 예술의 영역을 맡는다. 사고형 우뇌는 초월적인 역할을 맡는다. 모든 것을 포용하고 해탈하는 성인 군자 스타일이다. 마치 요즘 유행하는 성격 유형을 나타내는 MBTI 같지 않은가? 각각의 뇌 역할을 성격 유형이라고 생각하면 대표되는 주변 인물들이 바로 떠오를 것이다.

우리는 본래 뇌의 각 영역에 해당하는 자아를 모두 가지고 있다. 하지만 외부의 자극에 따라 뇌의 신경 회로가 어떻게 활성화되는지에 따라 우리의 자아가 결정된다. 우리가 특별하다고 생각했던 자아나 마음 같은 정신적인 요소가 사실은 뇌의 이런 물질적 메커니즘을 따르고 있던 것이다. 그런데 이렇게 정신적 요소가 뇌라는 물질 속에 포함된다면 우리의 자유 의지는 혼돈 속으로 빠지게 된다.

오늘 아침 알 수 없는 우주 공간에서 눈을 뜬다면?

물리학은 전체는 부분의 합에 불과하다는 '환원주의'를 핵심 원리로 가진다.• 하지만 환원주의는 아직 물리학에서 불완전할지 모른다. 원자가 모여 분자, 분자들이 모여 큰 물질들이 되는 등 새로운 집단이 될 때마다 새로운 속성들이 나타나기 때문이다. 수소와 산소가 만나 생긴 물은 수소와 산소와는 다르다. 또 물(H_2O) 분자가 모여 생긴 물에는 분자 수준에서는 알 수 없는 습함, 흐름, 온도 같은 속성들이 생긴다. 하지만 이러한 새로운 속성들 역시 물리학의 기본 개념으로 설명 가능하다. 다만 아직까지 물리학은 모든 크기의 영역을 설명하는 하나의 이론을 갖고 있지 못하다.

물질의 크기와 수에 따라 각기 다른 이론을 적용해야 한다.

• 환원주의는 아직 물리학에서 불완전하다. 현재의 물리학은 입자들이 모여 이루는 집합의 스케일에 따라 상대성 이론, 양자역학, 열역학 등 서로 다른 이론을 적용하여 해석한다. 하지만 언젠가 모든 것을 설명하는 통일 이론이 완성되고 환원주의가 완성되리라 생각한다.

원자와 같은 작은 크기는 양자역학, 우주와 같은 큰 크기는 상대성 이론, 많은 수의 집단은 통계 역학으로 설명한다. 그러나 현재 초끈 이론, 고리 양자중력 이론 등 만물을 설명하는 통일 이론 후보들이 등장했고 우리는 언젠가 우주의 비밀을 풀 것이다. 이런 물리학의 원리를 따른다면 물질들은 원자들로 이루어져 있고 물리 법칙의 지배를 받는다. 뇌 역시 물질이기 때문에 외부의 자극에 정해진 물리 법칙을 따라야 한다. 그럼 우리가 의도해서 선택했다고 생각한 결과들이 사실은 정해진 자연의 법칙대로 흘러간 것이다. 모든 결과는 이미 정해져 있었다. 우리는 정해진 운명을 따라 움직이면서 삶을 스스로 개척한 것으로 착각한 것일까? 조금 더 혼돈 속으로 들어가 보자.

양자역학에 따르면 우리 세상의 아무것도 없는 빈 공간에도 에너지가 매우 짧은 시간 동안 요동치는 양자 요동이 일어난다. 에너지가 요동치는 것은 가상입자들이 생겼다가 사라지는 것과 같다. 매우 짧은 시간이지만 빈 공간에 입자들이 생겼다가 사라지는 것이다. 그런데 과학자들은 이런 생각을 했다.

'가상 입자들이 우주의 어느 곳에서 어느 순간 우리의 뇌와 똑같은 배열을 가진 채로 생겨나는 게 가능하지 않을까?'

발생할 확률이 로또를 100번 연속 맞는 것보다 작을지 모르겠지만 무한한 우주에선 아무리 작은 확률이라도 발생할 가능성이 있다. 이를 '볼츠만 두뇌 역설'이라고 한다. 당신은 분명 전날 침대에서 잠이 들고 눈을 떴는데 알 수 없는 우주 공간에서 눈을 뜬 것이다. 물론 이것은 허상이고 순식간에 사라지겠지만 볼츠만 두뇌의 자기 인식은 그렇게 흐른다. 이것은 당신인가?

인간의 뇌를 모방한 칩

우리 뇌는 전기 신호를 통해 정보를 주고받는다. 그런데 전기가 흐르면 전자기파가 반드시 발생한다. 과학자들은 이 전자기파를 해석해 우리 뇌가 현재 어떤 신호를 전달하는지 알아낼 수 있을 거라고 생각했다. 그리고 해석한 신호로 전자기기에 명령을 내리는 것이다. 이것은 적중했다. BCI[Brain-computer interface]라고 불리는 이 기술은 뇌와 각종 전자기기를 연결하는 기술이다. 이 기술은 전신마비 환자가 머릿속 생각만으로 의수를 움직이고 컴퓨터 자판을 타이핑할 수 있는 데까지 이르렀다.

세계적 부호 일론 머스크가 설립한 뇌 연구 스타트업 뉴럴링크는 BCI 기술의 선도 주자다. 뉴럴링크는 뇌 신호를 해석하고 전송하는 아주 작은 뉴로칩을 뇌에 삽입한다. 두개골을 뚫고 삽입하는 수술의 위험성을 낮추기 위해 수술 로봇도 직접 만들었다. 이 로봇은 칩 이식 수술을 한 시간 만에 완료한다. 오전에 수술하고 오후에 퇴원하는 것이다. 2021년 뉴럴링크는 뉴로칩을 이식한 원숭이가 생각만으로 컴퓨터 게임을 즐기는 영상을 공개해 화재가 되었다. 현재 뉴럴링크는 BCI 기술의 임상시험을 위해 FDA의 승인을 준비하고 있다.

뉴럴링크보다 한발 앞선 기업도 있다. 미국 BCI 스타트업 싱크론이다. 싱크론은 뉴럴링크와는 다르게 '스텐트로드'라는 뉴로칩을 뇌의 혈관에 삽입한다. 목 밑부분의 혈관을 통해 뇌와 가까운 혈관으로 삽입한다. 이것은 현재 심혈관 질환을 치료할 때 사용하는 스텐트 삽입술과 다르지 않아 안정성이 확보된다. 싱크론의 '스텐트로드'는 현재 FDA의 임상시험 승인을 받았고 2021년 중증 마비 환자 6명을 대상으로 임상시험에 나섰다. 싱크론은 3~5년 내에 전신마비 환자들이 생각만으로 로봇 팔, 다리를 움직이고 컴퓨터를 조작하는 제품들을 상용화할 계획이다.

그런데 이런 상상을 해보자. 앞으로 인공지능, BCI 기술은 계속해서 발전할 것이다. 기술의 발전이 극에 달하여 인간 뇌의 기억, 작동 방식을 칩으로 똑같이 모방하고 이식할 수 있게 된다면 어떨까? 인간은 자신의 뇌를 칩으로 본뜰 수 있다. 자신의 기억, 자아 등을 그대로 옮기면서 사고 성능은 엄청나게 강화할 수 있다. 이것을 업로드라고 해보자.

자신의 뇌를 업로드하고 업로드한 칩을 로봇 몸 또는 생명공학적으로 만들어진 신체에 이식해 영생을 이룰 수 있다. 우리의 정신은 뇌였기 때문에 뇌를 업로드한 칩을 이식한 새로운 몸에서도 당신은 지금과 똑같이 생각하고 똑같이 자기 자신을 인식한다. 업로드한 칩과 새로운 몸을 통해 당신은 엄청난 기억력, 계산 능력을 얻을 수 있다. 송중기 같은 얼굴, 김종국 같은 몸도 가질 수 있다. 그렇다면 아마 우리는 업로드를 마다하기 쉽지 않을 것이다. 그런데 이것을 나라고 해도 되는 걸까? 무서운 점은 당신이 업로드 시술을 받고 눈을 뜬다면 새로운 몸과 빨라진 생각에 감탄하는 당신이 있을 것이다. 그런데 또 예전 그대로의 몸과 생각을 가진 채로 깨어난 당신이 있을 것이다. 당신의 뇌는 칩으로 복제된 것이기 때문이다. 그럼 예전 몸은 이제 폐기해도 괜찮은 걸까?

이런 문제를 해결하기 위해 의식을 잃어가는 시술 중에 예전 몸을 폐기한다면 어떨까? 당신의 자기 의식은 수술 전의 예전 몸에서 수술 후의 새로운 몸으로 이어진다. 수술 전에 의식을 잃고 다시 똑같은 몸으로 깨어나는 자기 의식은 없다. 이 경우 당신은 계속 살아있는 걸까?

15년 전의 나와 지금의 나는 같은 존재인가?

우리 세계를 구성하는 기본 입자들은 양자 정보를 가지고 있다. 질량, 전하, 스핀 같은 것이다. 거시 세계에서는 아무리 정교하게 똑같이 만들어진 물건이라도 구별할 수 있다. 내 마우스와 당신 마우스가 공장에서 찍어낸 똑같은 기종이라도 이 둘은 엄연히 다른 마우스이다. 하지만 양자 정보가 같은 기본 입자는 서로 구별할 수 없다. 지구에 있는 전자와 화성에 있는 전자는 완전히 똑같은 전자라는 뜻이다. 그럼 미래에 물질을 구성하는 기본 입자들의 양자 정보를 완전히 해석할 수 있고 기본 입자들로 물질을 만들어낼 수도 있다면 어떨까? 우리 몸을 구성하는 기본 입자들의 양자 정보를 모두 해석하고 아주 머나먼 곳, 예를 들어 4.2광년 떨어진 프록시마 센타우리•에서 그곳의 기본 입자들만으로 우리 몸을 완전히 똑같이 만드는 것이다. 이것을 양자 복사라고 해보자. 지구에 있던 당신의 자아는 양자 복사를 통해 프록시마 센타우리의 새로운 몸으로 이어진다. 하지만 여전히 지구에도 당신의 자아는 그대로 남아 있다.

먼 미래 말고 우리 현실에서도 이런 상황은 발생한다. 우리 몸은 7×10^{27}개의 원자로 이루어져 있다. 미국의 물리학자 폴 에버솔드는 이 중 98%가 1년 안에 섭취한 공기와 음식물의 원자로 바뀐다고 한다. 또 이스라엘 와이즈만 연구소 연구진에 따르면 우리 몸의 전체 세포 수는 30조 개 안팎이고, 하루 평균 3,300억 개의 세포를 갈아치운다. 매일 전체 세포의 1%가 바뀌는 것이다. 상피세포는 5일, 피부는 2주, 적혈구는 120일, 간은 2년, 뼈는 10년, 근육은 15년이면 모두 새롭게 바뀐다. 평생 바뀌지 않는 건 뇌 신경세포와 눈 수정체 세포뿐이다. 이 둘은 전

• 남반구 하늘의 센타우르스자리 방향으로 지구로부터 약 4.244 광년(1.301 파섹) 떨어진 곳에 있는 저질량 항성이다.

체 세포의 0.5%에 불과하다. 따라서 원자적 관점이든 세포적 관점이든 15년이 지나면 내 몸은 완전히 새로운 몸이 되었다고 보는 게 옳다. 순식간에 바뀌었나 천천히 바뀌었나의 차이일 뿐, 이것은 양자 복사와 다르지 않다. 15년 전의 당신과 지금의 당신은 같은 사람인가? 나는 도대체 무엇일까? 내가 지금 느끼는 나의 자아는 허상일까? 자유 의지가 존재할까?

두뇌회담에서 논의하기를

내가 당신에게 아주 심한 욕을 한다. 아마 당신은 화가 나서 나에게 같이 욕을 하거나 주먹을 뻗을 것이다. 이것은 당신의 자유 의지인가? 아마도 내가 당신을 그렇게 유도한 것에 더 무게를 두고 싶다. 당신은 외부의 자극에 정해진 물리 법칙을 따라 뇌가 작동하고 행동이 나왔을 뿐이다. 하지만 질 볼트 테일러의 연구는 이런 프로그램화된 행동에 자유 의지의 개입 가능성을 열어둔다. 외부의 자극에 뇌의 네 가지 분리된 영역들의 신경 회로가 각각 활성화되는 강도에 따라 우리의 자아가 결정된다고 했다. 그런데 그녀는 뇌의 신경 회로를 어떻게 활성화시킬지 우리가 조절 가능하다고 한다.

테일러는 이 방법을 '두뇌회담'이라 불렀다. 우리가 삶에 유연하게 대처하기 위해 스스로 두뇌의 회로를 설계할 수 있다는 얘기다. 누군가 욕을 했을 때 예민하게 맞서 싸우는 사람보다 포용하는 사람이 더 나은 삶을 살 수 있을 것이다. 그렇다면 우리는 그런 사람이 되도록 스스로 두뇌의 신경 회로를 개척할 수 있다. 그렇다면 이것은 우리의 자유 의지가 아닐까? 인도의 영국 식민지화 반대 운동을 펼쳤던 간디는 비폭력 저항 운동을 펼치다 폭행을 당하고 다음과 같이 말했다.

> "나는 다른 이가 더러운 발과 함께 내 생각 속으로 들어오게 하지 않는다. 내 허락 없이는 누구도 나에게 상처를 줄 수 없다."

비록 자신의 몸은 폭행을 통해 외부의 자극을 강제로 주입받았지만 자신의 뇌는 그것을 받아들이지 않고 자극에 굴복하지 않는다는 뜻이다. 즉, 간디는 자신의 뇌를 자신이 완전히 지배한다는 말을 한 것이다. 이런 간디의 의지는 자유 의지라고 할 수 있지 않을까?

하지만 우리가 더 나은 행동이라고 스스로 판단하는 의지 역시 외부 환경의 자극으로 만들어진다. 나의 경험, 물질적 환경, 타인의 시선, 사회의 도덕 기준, 사회가 공유하는 가치 등 외부의 모든 요소가 복잡하게 얽혀 결국 나의 가치관과 의지를 만든다. 상대가 욕을 했을 때 포용을 하는 사람이 되도록 선택하는 것은 우리 사회의 가치, 주변 환경, 뇌의 상호 작용이 그것이 좋다는 나의 의지를 만든 것이다. 간디가 자신의 뇌를 통제하려던 의지 역시 여기서 자유로울 수 없다. 우리가 뇌를 스스로 통제하는 의지 역시 독립적이지 않고 외부의 온 우주와 첨예하게 얽혀 있는 것이다.

정신, 자아, 의지는 뇌라는 물질이다. 환원주의를 따르면 모든 물질은 기본 입자들의 상호 작용으로 설명된다. 현대의 양자론은 기본 입자들을 장의 개념으로 생각한다. 장이란 것은 우주 공간에 그물처럼 퍼져 파동처럼 진동하고 있는 것이다. 학교에서 전기장이나 자기장을 배웠다면 그것과 같은 개념이라고 생각하면 좋다. 예를 들면 전자는 전자장•으로 설명된다. 전자장은 우주 전체에 그물처럼 퍼진 파동이다. 전자장의 특정 부분에 에너지가 들뜬다면 그것이 전자이다. 다른 곳의 전자는 그곳의 에너지가 들떠서 나타난 것이다. 그러니까 이 둘은 다르지 않다.

하나의 전자장이 서로 다른 부분에서 들떠 생긴 결과일 뿐이다. 기본 입자들은 우주 공간에 펼쳐 있는 거대한 양자장의 들뜸이다. 이들은 근본적으로 하나이다. 결국 우리의 의지, 자아라는 것은 모두 연결되어 거대한 하나를 이루고 있다. 나의 의지는 우주의 거대한 수레바퀴 속 한 점인 것이다. 그리고 우주의 수레바퀴는 정해진 자연의 법칙을 따라 굴러간다.

• 전자기장과는 다른 전자를 나타내는 양자장이다.

신이 동전을 던진다면

자유 의지에 대한 우리의 희망은 양자역학에 있을지도 모른다. 양자역학에 따르면 기본 입자들을 결정하는 위치, 에너지, 운동량 같은 정보는 관측 전까지 알 수 없다. 예를 들면 원자에 존재하는 전자는 관측 전까지 위치를 알 수 없다. 우리가 알 수 있는 건 전자가 어느 위치에 있을 거라고 기대되는 확률뿐이다. 우리는 슈뢰딩거 방정식의 파동 함수를 통해 이것을 알 수 있다. 전자는 관측 전까진 확률 파동의 모습으로 온 우주에 퍼져 있다. 관측하는 순간 위치가 결정된다.

그렇다면 이것은 우리 측정 기술의 한계 때문에 발생하는 것일까? 그러니까 비록 측정 전에는 전자의 위치를 알 수 없더라도 측정을 통해 전자의 위치를 알았다면 측정 전에도 전자는 사실 그곳에 존재했던 것일까? 아니면 정말 확률 파동으로 온 우주에 존재하다가 그 순간 위치가 결정된 것일까? 양자역학의 선구자인 닐스 보어가 이끈 코펜하겐 학파의 주장은 측정 순간 전자의 위치가 결정된다는 것이었다. 그전까진 결정되어 있지 않다. 만약 시간을 되돌려 똑같이 전자의 위치를 측정한다면 새로운 위치에서 발견될 수 있다는 것이다. 전자는 측정 전까지 마치 확률적으로 모든 곳에 존재하는 것과 같다. 아니 그전까지 전자의 존재에 대해선 생각할 필요가 없다. 우리는 측정 후의 결과만을 이용하면 되는 것이다. 이것이 양자역학의 기묘한 성

전자의 확률분포

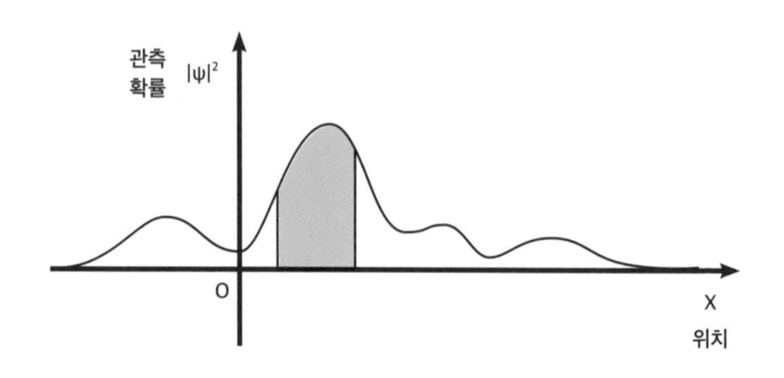

질에 대한 코펜하겐 해석이다.

하지만 양자역학의 이런 불완전한 해석에 반대하는 과학자들도 있었다. 대표적인 과학자가 바로 아인슈타인이다. 아인슈타인은 우리 세계가 신의 주사위 놀이처럼 결정될 리가 없다고 생각했다. 그는 보리스 포돌스키, 네이선 로젠과 함께 양자역학의 확률적 해석에 반대하는 논문을 발표한다. 이것이 바로 그 유명한 'EPR 역설'이다. 하지만 추후 아스펙의 실험 등은 양자역학의 코펜하겐 해석이 맞았다는 결과를 이끌었고 EPR 측은 한발 물러서게 된다. 하지만 아직까지 양자역학의 기묘한 성질과 입자의 실체에 대한 해석으로 많은 과학자들이 치열하게 논쟁하고 있다. 코펜하겐 해석, 다세계 해석, 숨은 변수 이론, 결어긋남, 양자 베이즈 주의 등 우리 우주를 결정론적으로 바라보는 입장과 비결정론적으로 바라보는 다양한 입장이 존재한다.

무엇이 옳다고 아직 말할 수 없지만 자연을 이해하는 양자역학의 확률적 해석과 비결정론적 입장은 우리 자유 의지의 숨통을 조금 틔워준다. 우리가 시간을 되돌려 다시 선택의 순간을 마주했을 때 모든 입자들의 상태가 이미 결정되어 있었던 게 아니라면 우리는 이미 결정된 선택이 아닌 다른 선택을 할 수도 있다. 우리는 물리적 법칙이 이끄는 운명을 따라 정해진 길을 걷는 게 아니라 매 순간 확률적인 여러 개의 갈림길을 만나는 것이다. 그렇다면 우리의 자유 의지가 존재한다고 말할 수 있지 않을까? 하지만 파동 함수의 확률과 시간의 흐름에 따른 파동 함수의 변화 역시 물리적 법칙을 따라 결정되니 양자역학이라고 해서 우리의 완전한 자유 의지를 찾아주는 것은 아니다.

우리가 한 가지 위안을 얻을 수 있는 건 우리의 미래는 수많은 입자들이 얽힌 복잡한 카오스라는 것이다. 카오스적인 미래는 어떠한 방법으로도 예측할 수 없다. 비록 정해진 운명이라 할지라도 우리의 미래는 절대로 알 수 없다. 신이 동전을 던졌다. 앞면인가? 뒷면인가? 결과는 정해져 있을지 모른다. 하지만 그게 무엇인지는 신도 알 수 없다. 그렇다면 이것은 동전의 운명이 정해진 것인가? 정해져 있지 않은 것인가? 당신의 대답에 따라 자유 의지의 유무는 결정된다. 당신은 어떤 선택을 하고 싶은가? 그것은 당신의 자유 의지인가?

줄다리기에서 이기는 과학적 방법

넷플릭스 시리즈 <오징어 게임>에서 영수 할아버지는
자신만의 줄다리기 비법을 설명한다.

나도 절대 지지 않는 나만의 줄다리기 필승법을 소개하려고 한다.

줄다리기는 뉴턴의 3법칙 작용-반작용 법칙이 적용된다.
내가 당기는 힘이 반작용이 되서 결국 다시 나를 당기기 때문에
누가 더 세게 당기는지는 큰 상관이 없다.

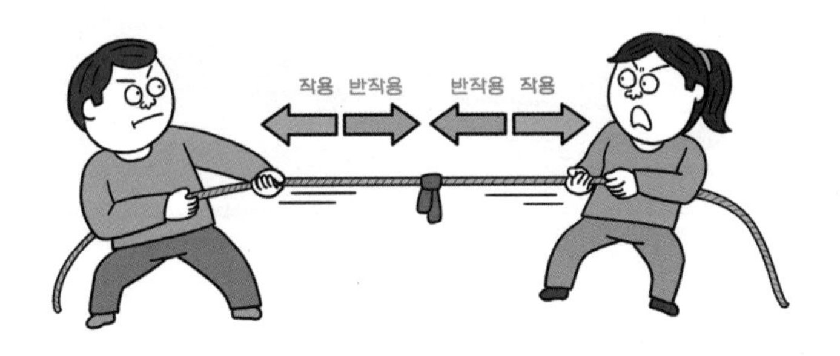

결국 줄다리기 승패의 중요 요소는 외부 힘인 마찰력이다.
마찰력은 바닥이 날 미는 힘(수직항력)과 접촉면이
미끄러운 정도에 의해 결정된다.

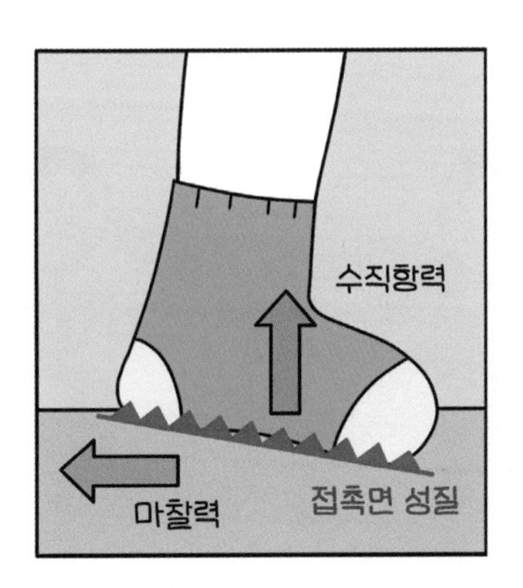

그래서 줄다리기를 할 때는 잘 미끄러지지 않는
신발을 신는 것이 중요하다.

만약 바닥과 신발이 모두 동일하다면 마찰력은 몸무게가 좌우한다.
그래서 줄다리기는 '몸무게 싸움이다'라는 말이 있는 것이다.
국제 줄다리기 대회에선 체급처럼 몸무게 제한 규정이 있다.

줄다리기의 승패를 좌우하는 또 다른 과학적 원리가 있다.
줄다리기를 할 때 마찰력은 발 아래에 작용하고
줄에 생기는 장력은 위에 작용한다.

두 힘이 동일 선상이 아닌 위 아래에 작용하게 되면 돌림힘이 생긴다.
그래서 줄을 잡고 있는 우리 몸은 앞으로 회전하게 된다.
몸이 앞으로 회전해서 기울어지면 중력마저 힘을 보태게 된다.
그러다 보면 꽈당 넘어지게 된다.

그래서 그전에 우리는 발을 뻗어 균형을 잡아야 한다.
이런 한 발 앞으로 가고 말았다.
그럼 줄다리기에서 지게 된다.

그래서 줄다리기에선 앞으로 회전하지 않기 위해
몸을 뒤로 쭉 펴서 기울이는게 중요하다.

하지만 우리 몸은 폴드처럼 허리가 접히는 구조이다. 그래서 상체가
앞으로 기울어지지 않도록 강한 허리힘으로 버텨야 한다.

그러니까 줄다리기의 비밀은 허리힘에 있었던 것이다.

자 그럼 줄다리기의 필승 비법을 정리해 보자.
먼저 아이템이다.

그 다음 한쪽으로 선 다음, 호각 소리가 들리면
하늘을 보며 최대한 바닥과 가까이 눕는다.
그리고 호흡을 맞춰 상대를 끌고 온다.

얼마나 쉬운가?

PART 2

한 번 들으면 계속 빠져드는 스펙터클 과학 이야기

수많은 별들이 빛나는 밤하늘은 왜 어두울까?

우리의 삶은 많은 순간 어둠 속에 놓인다. 가난, 실패, 질병 등의 고난은 우리를 캄캄한 어둠 속으로 몰고 간다. 어둠이 내린 캄캄한 밤, 우리를 유일하게 밝히는 건 하늘의 빛나는 별뿐이다. 그래서였을까? 임용시험에 떨어져 나의 세상이 어둠 속에 잠겼던 날, 난 별을 찾아 떠났다. 별과 최대한 가까운 곳으로.

지리산 성백종주•는 나처럼 삶의 새로운 빛을 찾아온 사람들로 붐볐다. 첫째 날 노고단과 반야봉에 발 도장을 찍고, 둘째 날 밤, 최종 목적지인 천왕봉을 앞에 둔 채 장터목 대피소에 누웠을 때다. 첫날 밤에는 구름에 가려 보이지 않던 수많은 별들이

• 지리산 성삼재에서 출발해 백무동까지 이동하는 총 길이 35.9km 코스이다.

밤하늘에 나타났다. 보석처럼 반짝이는 별들이 어둠 속에 가득 찬 장관에 사람들의 탄성이 끊이질 않았다. 그런데 그때 문뜩 이상한 생각이 들었다.

'무수히 반짝이는 별들이 있는데, 왜 밤하늘은 이렇게 어둡지?'

밤하늘이 어두운 이유

이것은 내 어두운 감정 때문이 아니라 매우 이성적인 생각이었다. 밤하늘을 올려다보며 이상하다는 생각이 든 적이 없는가? 밤하늘은 우주의 모습이 펼쳐진 스크린이다. 지구와 겨우 38만 km 떨어진 달뿐만 아니라 8.6광년•이나 떨어진 시리우스별까지 밤하늘에는 우주의 수많은 천체가 담겨 있다. 우리가 밤하늘을 본다는 건 결국 거대한 우주를 보는 것이다. 그런데 왜 우주가 어두운 걸까? 이상한 소리처럼 들리겠지만 우주가 어둡다는 건 매우 이상한 일이다.

현재 밝혀진 우주는 끝이 없는 무한한 공간이다.•• 우주가 무

• 천체와 천체 사이의 거리를 나타내는 단위. 1광년은 빛이 초속 30만 km의 속도로 1년 동안 나아가는 거리를 뜻한다.

•• 현재 우주 관측 결과는 평평한 무한 우주가 가장 유력한 우주 구조의 후보이다. 하지만 가능한 우주 구조의 후보 중에는 유한한 구조도 존재한다. 하지만 역시 이 구조에도 끝은 없다.

내 눈과 밤하늘의 별을 연결한 선

한하다는 건 우주 안에 있는 별도 무한하다는 뜻이다. 그럼 한 번 생각해보자. 지금 땅 위에 서서 밤하늘을 올려다보고 있다. 밤하늘에는 많은 별들이 보석처럼 빛나고 있지만 별들 사이에는 어두운 공간이 분명 존재한다. 이제 밤하늘을 보고 있는 눈에서 어두운 공간으로 아주 긴 직선을 그어보자. 이 직선이 무한한 우주로 계속 나아간다면 어딘가에는 반드시 이 직선과 만나는 별이 존재할 것이다. 그럼 내가 보는 밤하늘에는 어두운 공간이 아니라 반짝이는 이 별이 보여야 한다. 내 눈에서 밤하늘에 어느 방향으로 직선을 긋더라도 그곳 어딘가에는 별이 있을 것이고 결국 밤하늘은 어두운 공간이 아니라 반짝이는 별로 가득해야 할 것이다. 그런데 어째서 밤하늘은 이렇게 어두운 것일까? 그렇지 않은가?

'너무 멀리서 오는 별빛은 약해서 보이지 않는 게 아닐까?'

좋은 생각이다. 멀리 있는 빛이 약해지는 건 당연하다. 깊은 밤 사색에 빠져 먼 산을 바라봤을 때, 산속 반딧불이의 빛이 우리 눈에 반짝이진 않는다. 빛의 세기는 거리가 멀수록 약해진다. 정확히는 거리가 2배, 4배 멀어질 때 빛의 세기는 4배, 16배 약해진다. 이것을 수학적으로는 '빛의 세기는 거리의 제곱에 반비례한다'고 표현한다.

$$\text{빛의 세기} \propto \frac{1}{\text{거리}^2}$$

죽음의 순간을 맞이한 별은 강력한 빛을 내뿜는다. 이것을 초신성이라고 한다. 2015년 발견된 인디언자리의 'ASASSN-15lh' 초신성은 밝기가 무려 태양의 5,700억 배이다. 만약 태양의 밝기가 반딧불 정도가 되도록 우주의 전체 밝기를 낮춘다고 해도 이 초신성은 원래의 태양 밝기보다 1,300만 배나 밝다. 이것은 인공위성 높이에 떠 있는 태양을 정면으로 바라보는 밝기이다. 만약 초신성이 태양계 안에 있었다면 폭발적인 에너지가 태양계 행성들을 모두 파괴했을 것이고, 우리 은하 내에 있었다면 우리는 하늘에 떠 있는 두 개의 태양을 봤을 것이다. 하지만 다행히 38억 광년이나 되는 먼 거리에 있기 때문에 첨단 망원경으로 주의 깊게 살펴야 겨우 찾을 수 있는 밝기이다. 그렇기 때문에 '멀리 있는 별들은 빛의 세기가 약해져 우리 눈에 보이지 않는다. 그래서 밤하늘은 어둡다'라고 추론하는 것은 매우 합리적인 추론일 것이다. 하지만 여기에는 몇 가지 허점이 있다.

우주 공간에 우리 지구를 중심으로 하는 가상의 공을 그려보자. 투명한 공이 지구를 감싸고 있는 모습을 상상하면 된다. 이 투명한 공은 실재하는 것이 아니고 볼 수도 만질 수도 없는 우리의 상상 속에만 존재한다. 지구가 공의 중심에 있기 때문에 공의 표면까지는 모두 같은 거리다. 그리고 우주 공간에는 우리가 상상한 공의 표면과 만나는 별들이 있다. 이 별들은 투명한 공의 표면에 박혀서 지구를 밝히는 조명의 역할을 한다. 이제 가상의 공에 바람을 불어 넣어 더 크게 부풀려보자. 바람을 넣기 전보다 지구까지의 거리가 더 멀어졌다. 그럼 공의 겉넓이는 이전보다 얼마나 더 커졌을까? 공의 중심까지 거리가 2배, 4배 커지면 겉넓이는 4배, 16배 커진다. 이것도 수학적으로는 '공의 겉넓이는 공 반지름의 제곱에 비례한다'고 표현한다.

$$\text{공의 겉넓이} \propto \text{공 반지름}^2$$

원둘레와 만나는 별의 개수

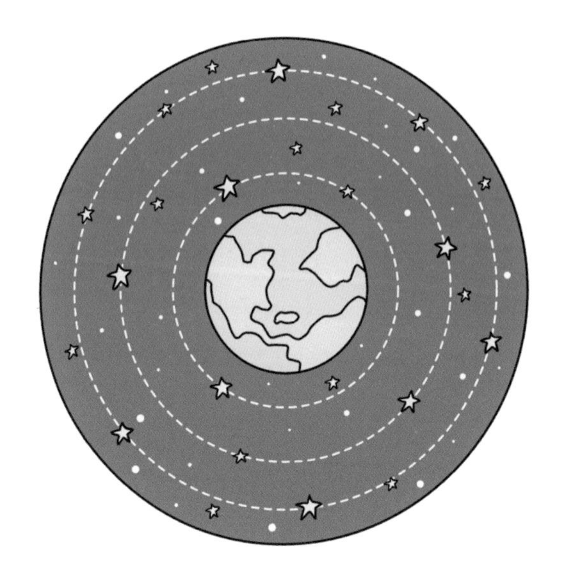

그런데 지구를 둘러싼 공의 겉넓이가 커지면 공의 표면과 만나는 별들의 개수가 많아진다. 당신이 종이 위에 많은 수의 별들을 무작위로 그렸다고 해보자. 그리고 한 점을 중심으로 원을 그린다. 그럼 당신이 그린 원과 만나는 별들이 있을 것이다. 만약 원을 더 크게 그린다면 더 많은 별과 만나게 된다. 별들의 간격이 무작위하기 때문에 정확하지 않겠지만 평균적으로 원둘레의 길이가 4배 늘어나면 만나는 별의 개수도 4배 증가하게 된다. 마찬가지로 지구를 둘러싼 투명공의 겉넓이가 4배 증가한다면 투명공의 표면과 만나는 별의 개수도 4배 증가해야 한다.

그러면 이제 지구를 중심으로 층층이 둘러싼 여러 개의 투명공을 생각하자. 투명공은 모두 지구까지의 거리가 다르다. 한 투명공의 표면에 별들이 박혀서 지구를 밝히고 있다. 이제 이것보다 지구까지의 거리가 2배 더 먼 투명공이 있다. 두 번째 투명공의 표면에 박힌 별들은 첫 번째 투명공의 별들보다 지구까지의 거리가 멀기 때문에 지구에 도달하는 빛의 세기가 감소한다. 거리가 2배 멀어졌으니 세기는 4배 감소할 것이다.[*] 하지만 두 번째 투명공에 박혀서 지구를 비추는 별들의 개수는 첫 번째 투명공의 별 개수보다 4배 더 많다. 그러니까 거리가 멀어져서 감소되는 빛의 세기만큼 더 많은 별들이 지구를 비추기 때문에 어두워지지 않는다.

쉬운 예를 들면 캄캄한 밤에 당신이 들고 있는 종이 스크린에 친구가 손전등을 비춘다. 친구가 멀어질수록 밝기가 약해지겠지만 멀어질수록 친구가 더 많은 손전등을 꺼내 종이를 비춘다면 밝기는 약해지지 않는다. 그래서 밤하늘이 어두운 이유가 별빛이 거리가 멀어질수록 약해지기 때문이라면 그것은 틀린 것이다.

사실 '밤하늘은 왜 어두울까?'라는 생각을 한 것은 나뿐만이

* 우주에 존재하는 별들의 밀도는 부분적으로 다르고 별들의 빛 세기는 모두 다르지만 우주가 무한하고 별도 무한하기 때문에 평균적 관점에서 모든 별의 밀도가 균일하고 별빛의 세기가 모두 같다고 가정한 논리다.

아니다. 1823년 독일의 천문학자 하인리히 올베르스도 ‘우주가 무한한데 밤하늘이 어둡다는 것은 모순이다’라고 주장했으며 이것을 ‘올베르스 역설’이라고 부른다. 올베르스는 본인이 제기한 역설의 해답으로 우주 공간에 존재하는 먼지나 가스 구름들이 별빛을 흡수하기 때문이라고 제시했다. 하지만 이것도 틀렸다. 에너지는 항상 보존되기 때문에 먼지나 가스 구름이 별빛을 오랜 시간 흡수한다면 뜨거워지고 다시 빛을 밖으로 방출해야 한다. 그렇기 때문에 여전히 밤하늘은 빛으로 가득 차야 한다. 그럼 도대체 왜일까? 이제 당신도 밤하늘이 어두운 게 꽤 이상하다고 느껴지지 않는가?

아인슈타인, “제 생각이 틀렸습니다”

이 역설은 20세기에 이르러야 해결된다. 1916년 아인슈타인은 상대성 이론을 통해 우주의 비밀이 담긴 하나의 방정식을 세상에 내놓는다. 많은 과학자들은 ‘아인슈타인 방정식’•이라 불리는 보물 상자를 열어 우주의 비밀을 찾기 시작했다. 그런데 정작 뚜껑을 열고 나온 우주의 모습은 너무나 기괴했다. 우주가 팽창하거나 수축하고 구멍이 뚫리는 등, 과학자들이 자신만의

• $R_{\mu\nu} - Rg_{\mu\nu} = T_{\mu\nu}$

열쇠를 통해 얻어낸 우주의 비밀은 너무 충격적이었다.

아인슈타인은 우주가 변하지 않는다고 믿었다. 아인슈타인이 생각한 우주는 영원불멸한 것이었다. 그래서 그는 자신의 방정식에 '우주상수'라는 것을 추가해 변하지 않는 우주를 만들었다. 1922년 러시아 물리학자 알렉산드르 프리드만이 '팽창하는 우주'를 발표했고 1927년 벨기에의 과학자 조르주 르메트르가 '원시 원자 가설' 논문을 통해 팽창하는 우주 모델을 주장했지만, 아인슈타인은 팽창하는 우주 모델은 방정식의 수학적 해답일 뿐 현실과는 상관없는 모델이라고 맹비난했다. 아인슈타인의 주장도 일리는 있었다. 실제로 아인슈타인 방정식은 수학적으로 많은 수의 해답이 존재했고 그중에 우리 세계와 일치하는 답을 찾는 것이 중요했다. 실제로 당시 과학자들이 찾은 아인슈타인 방정식의 해답은 잘못된 것이 많았다.

미국 서부 로스앤젤레스에서 25km 떨어진 윌슨산 천문대에는 당시 세계 최고 크기를 자랑하는 100인치 구경 천체 망원경이 있었다. 그리고 그곳에는 세계 최고 권위의 천문학자 에드윈 파월 허블, 최고의 천문 사진가 밀턴 휴메이스도 있었다. 허블과 휴메이슨은 이곳에서 모든 은하들이 우리로부터 멀어지고 있다는 놀라운 사실을 발견한다. 은하는 멀리 있을수록 우리로부터 더 빨리 멀어졌다. 이것은 정말 충격적인 결과였다. 아인슈타인이 부정했던 팽창하는 우주를 증명하는 증거가 발견된 것이다. 1931년 아인슈타인은 윌슨산 천문대를 직접 방문한다.

윌슨산에서 허블과 휴메이슨의 자료를 오랜 시간 직접 검토한 아인슈타인은 1931년 2월 3일 윌슨산 천문대에서 기자들을 모아 놓고 선언한다.

> "우주가 영원히 변하지 않는다는 제 생각은 틀렸습니다. 우주는 팽창하고 있습니다."

아인슈타인은 자신의 방정식에 임의로 추가한 '우주상수'가 자신 일생의 최대 실수라는 것을 인정한다. 그리고 르메르트에게 사과 편지를 보낸다.

> "우주상수를 넣은 후로 항상 마음이 편하지 않았습니다. (중략) 그런 보기 흉한 것이 자연에 있어야 한다는 사실을 믿을 수가 없었습니다."

팽창하는 우주에서 보이는 것

밤하늘이 어두운 이유는 바로 여기에 숨어 있다. 우주가 팽창하고 있다면 어제의 우주는 오늘보다 작아야 한다. 엊그제는 어제보다 더 작았을 테고 이렇게 138억 년을 되돌아가면 우주는 결국 한 점에 있게 된다. 우주의 모든 물질들이 한 점에 응축되었고 강력한 에너지가 폭발하면서 지금의 우주가 탄생한다. 이것이 현재 우주의 탄생을 설명하는 '빅뱅 이론'이다.* 우주가 탄생하고 서로 가까웠던 물질들은 우주 공간의 폭발적인 팽창 속도 때문에 매우 빠르게 멀어졌다. 그래서 138억 년 전에 가까운 곳에서 출발한 빛이라도 계속 팽창하는 우주 때문에 아직 도착하지 못할 수 있다. 당신이 올라가는 에스컬레이터를 거꾸로 내려간다고 해보자. 에스컬레이터가 멈춰 있다면 금방 아래에 도착할 테지만 에스컬레이터가 작동한다면 내려가는 데에 더 오랜 시간이 필요할 것이다.

현재 우리가 볼 수 있는 우주는 지구를 중심으로 반지름이 465억 광년 거리인 투명공 안에 있는 우주뿐이다. 그런데 우주가 탄생한 지 138억 년밖에 되지 않았는데 우리는 어떻게 465억 광년이나 떨어진 곳에서 오는 빛을 볼 수 있는 걸까? 빛이 그곳에서 오려면 465억 년이나 필요한데 말이다. 이것 역시 우주가 팽창하기 때문이다. 아주 가까웠던 곳의 빛이 도착했고 그 이후로 우주는 계속해서 팽창했기 때문에 465억 광년의 거리가 되었다. 우주는 무한하지만 우리는 지금 465억 광년보다 더 멀리 떨어진 우주를 보지 못한다. 그곳의 빛은 아직 우리에게 도착하지 못했다. 이것이 빛나는 별을 무한하게 가진 우주가 어두운 이유이다. 이제 되었을까? 그런데 아직 끝이 아니다. 우

* 현재 최신 우주론은 빅뱅 이론을 보완한 인플레이션 이론이다. 인플레이션 이론에 따르면 공간의 급팽창은 빅뱅 이후 10^{-32}초 내에 이루어진다.

주가 어두운 이유에는 한 가지가 더 있다.

우리가 아직 보지 못한 빛

138억 년 전 빅뱅으로 생겨난 태초의 우주는 온도가 매우 높았다. 우주를 구성하는 기본 입자*들은 광속 또는 광속과 가까운 속도로 매우 빠르게 움직였다. 여기에는 빛도 포함된다. 기본 입자들은 서로 붙잡아 결합하고 싶었지만 너무 빠른 속도는 서로를 붙잡지 못하게 만들었다. 우주가 팽창하면서 뜨거웠던 우주가 식기 시작했고 속도가 느려진 기본 입자들은 서로 결합

우주 탄생 과정

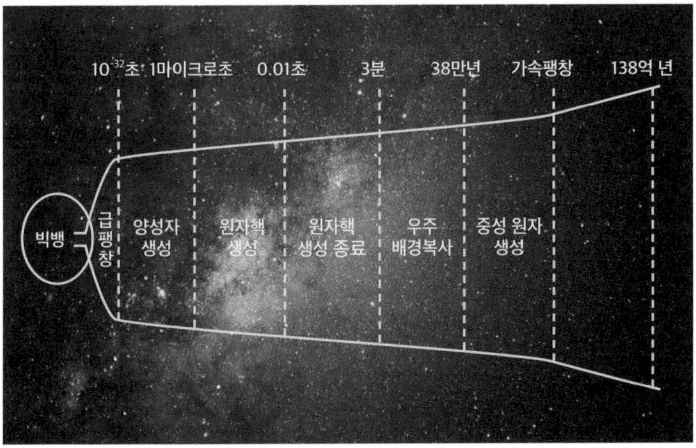

하기 시작했다. 빅뱅 후 몇 초 뒤 양성자와 중성자가 생겼고 몇 분이 지나서 양성자와 중성자가 결합해 원자핵을 만들었다. 이때의 우주는 원자핵과 전자가 분리된 플라즈마 상태였다. 플라즈마 상태의 우주에서는 빛이 자유롭지 못하다. 빛의 알갱이인 광자가 전기를 띠는 원자핵, 전자와 상호 작용하며 서로 뒤엉키게 된다. 만약 우리가 이때 하늘을 올려봤다면 안개가 잔뜩 낀 것 같은 뿌연 하늘을 봤을 것이다. 빅뱅 후 38만 년이 지나면 원자핵과 전자가 결합하면서 전기적으로 중성인 원자가 만들어진다. 빛은 이제 해방되어 온 우주를 자유롭게 누비게 된다. 우주가 맑아지며 빛이 쏟아져 나온 것이다.

이때 우주로 방출된 빛을 '우주 배경 복사'라고 부른다. 우주 배경 복사는 태초 우주의 흔적이다. 이 빛은 지금도 우주 전체에 깔려 있고 밤하늘에 가득하다. 그런데 우주가 팽창하면서 우주 배경 복사는 파장이 점점 길어졌다. 진동하는 고무줄을 잡아 늘이는 것처럼 우주 공간이 늘어나면서 빛을 쭈욱 잡아 늘인 것이다. 빛은 알다시피 파장이 긴 순으로 마이크로파, 적외선, 가시광선, 자외선, X선 등으로 구분된다. 현재 우주 배경 복사는 우리 눈에 보이지 않는 마이크로파 영역까지 파장이 길어졌다. 그래서 사실 밤하늘에는 지금 태초의 빛이 가득하지만 우리가 보지 못하는 것이다.

• 현재까지 밝혀진 우주를 구성하는 가장 기본적인 입자들 6개의 쿼크, 6개의 렙톤, 상호 작용을 매개하는 4개의 보존, 질량을 부여하는 힉스 보존으로 이루어졌다.

온 세상이 캄캄한 어둠으로 물들었던 나는 희망을 찾기 위해 산에 올라 빛나는 별을 보았다. 하지만 정작 내가 희망을 찾은 곳은 밤하늘의 어둠이었다. 그곳에 빛이 있었다. 어둠 속에 사실 빛이 가득했다. 단지 보지 못했을 뿐이다. 그리고 새로운 빛들이 다가오고 있었다. 당신도 만약 시험에 떨어져, 취업에 실패해, 몸이 아파서 좌절하고 있다면 그래서 삶이 어둡다면 고개를 들어 밤하늘을 보라. 어두운 그곳에 빛은 가득하다. 당신이 보지 못한 그 빛을 찾자. 찾지 못했는가? 그래도 괜찮다. 우리에겐 새로운 빛이 오고 있으니까. 그러니 우리 조금만 더 버티자.

귀신은 존재한다 vs.
귀신은 존재하지 않는다

"네가 차가운 무관심의 냉소를 되풀이할수록 내 가슴에선 불꽃이 인다."

이 대사를 아는 사람이 있을까? 오래전이긴 하지만 무려 최고 시청률 52.2%를 기록한 드라마에 나온 대사인데 말이다. 하지만 아마 아무도 없을 것이다. 왜냐하면 이 대사는 한 번도 드라마에 나온 적이 없기 때문이다. 이것이 도대체 무슨 말일까?

이 말은 1994년 MBC에서 방영된 메디컬 스릴러 드라마 〈M〉의 대사다. 드라마 〈M〉은 낙태아의 기억 분자•가 다른 사

• 드라마의 설정으로 실제로는 존재하지 않는 귀신과 같은 초현실적 현상이다.

람에 빙의하면서 자신의 복수를 행하는 공포 스릴러로 당시 대한민국을 귀신•의 공포로 몰아넣었다. 드라마에서 낙태아의 기억 분자인 M이 빙의된 사람은 소름 끼치는 기계음을 내뱉었다. 오프닝 노래에도 M의 목소리가 나왔는데 알아들을 수 없어 더 공포스러웠다. OTT 서비스가 없던 과거에는 드라마를 비디오테이프로 녹화해서 보는 경우가 많았다. 그런데 누군가 우연히 녹화된 테이프를 역재생하다가 깜짝 놀랄 사실을 발견했다. 오프닝 노래에 나오던 M의 기괴한 기계음••이 바로 앞의 대사였던 것이다.

당시 8살이던 나는 〈M〉을 보며 귀신의 존재가 두려워지기 시작했다. 밤중에 화장실에 가려면 자고 계시던 어머니를 깨운 일들이 기억난다. 귀신에 대한 공포가 사라진 건 학교에 다니며 과학을 배우면서이다. 학창 시절 나는 과학부 활동에 적극적으로 참여했는데, 그때부터 귀신이나 미신 같은 비과학적 요소들을 기피하기 시작했다. 과학을 좋아하고 연구하는 사람이라면 당연히 그래야 하는 것 같았다. 어린 시절에는 과학이 귀신 같은 존재는 없다는 사실을 증명한다고 생각했다. 하지만 대학에 진학하여 과학을 좀 더 심도 있게 공부하면서 깨달았다. 과학에는 귀신보다 더 괴기한 것들이 많다는 사실을.

앞서 좋은 과학 이론일수록 반증 가능성이 높다고 했다. 우리

• 여기에서 나오는 귀신은 영혼, 유령 등 모든 초자연적 존재를 아우르는 말을 의미한다.

•• https://youtu.be/zClS6y_BHQA

가 신뢰하는 과학 이론은 틀렸다는 사실을 증명하는 방법이 확실히 존재하고 그 방법이 매우 쉬운데도 불구하고 아직 틀리지 않은 이론이다. 그런데 귀신은 반증 가능성이 매우 희박한 존재다. 우리가 귀신이라고 여기는 존재의 속성은 대부분의 사람들은 보지 못하지만 어떤 누군가에게는 보이기도 한다. 우리가 만질 수 없는 존재이지만 때론 우리에게 물리력을 행사하고 천재지변을 일으키기도 한다. 이런 존재를 가지고 증명을 진행하는 것은 어렵다.

> "나는 저쪽 방구석에 앉아 있는 귀신을 볼 수도 느낄 수도 있어. 너에겐 보이지 않겠지만 말야."

누군가가 이렇게 말한다면 어떻게 우리가 귀신이 없다는 것을 증명할 수 있겠는가?

귀신은 없다 : 심령회 실험

19세기 세계 최고의 인기 마술사였던 해리 후디니는 귀신, 영혼과 같은 존재를 믿지 않았다. 그는 심령술에 대해 매우 부정적이었다. 심령술은 19세기 미국과 유럽에서 널리 퍼져 있던 영혼 소환 의식이다. 지금 우리가 생각하기에는 굉장히 사이비스러워 보이지만 당시에는《셜록 홈스》의 저자 아서 코넌 도일도 심취해 있을 정도였다.

심령술에는 영혼을 불러와 목소리를 듣거나 신비한 능력을 보여주는 영매가 존재했다. 후디니는 영매들을 불러와 실험을 진행했다. 과학적 방법론으로 해석하자면 '귀신이 없다'의 반증인 '귀신은 있다'를 보여주는 실험을 진행한 것이다. 이 실험이 성공한다면 '귀신이 없다'는 과학적 진술은 틀린 것이 된다. 하지만 성공하지 못한다면 '귀신이 없다'라는 과학적 진술은 아직 반증되지 않고 사실로 남게 된다. 실험 결과는 어떻게 되었을까?

후디니가 팔다리를 묶어 꼼수를 못 쓰게 한 상태에서 신비한 능력을 보여준 영매는 아무도 없었다. 하지만 그렇다고 '귀신은 없다'가 증명된 것은 아니다. 반증되지 않았을 뿐이다. 또 귀신이란 존재가 원래 보이지도 않고 들리지도 않는 존재 아니겠는가? 심령술에 빠진 사람들은 "영매가 하필 그날 컨디션이 좋지 않았다", "영매가 거짓말쟁이였다" 정도로 치부해버리고 말았다. 후디니는 죽을 때까지 영매가 사기꾼이라는 폭로를 이어 나갔고 심지어 죽고 나서도 '귀신은 없다'를 반증하는 최후의 실험을 계획한다.

그는 죽기 전 아내와 한 가지 약속을 한다. 자신이 죽으면 기일마다 최고의 영매들을 불러 모아 심령회를 개최하기로 한 것이다. 그럼 자신이 찾아와 아내가 가장 좋아하던 노래 가사를 변형한 '로자벨, 믿어요'를 말해주기로 한다. 만약 영매들 중 그

말을 하는 사람이 있다면 자신이 틀렸다는 사실을 인정하기로 한다. 후디니가 죽은 후, 아내는 약속대로 10년 동안 매해 심령회를 개최했지만 '로자벨, 믿어요'를 말해주는 영매는 단 한 명도 없었다.

귀신은 있다 : 에디슨의 귀신 소통 장치

해리 후디니와는 반대로 귀신의 존재를 믿어서 귀신이 있다는 것을 보여주려고 한 사람이 있다. 우리가 너무나 잘 알고 있는 발명왕 토머스 에디슨이다. 에디슨은 죽을 때까지 1천 개가 넘는 특허를 냈다. 그런데 그가 만들려고 했던 무수한 발명품 가운데 이상한 물건이 하나 있다. 그는 죽기 전《회상과 관찰》이라는 회고록을 집필했는데 마지막 챕터에 이 발명품의 이야기가 나온다.

에디슨은 영매들이 테이블에 앉아 요상한 물건들을 올려놓고 귀신들과 소통하는 건 매우 비과학적이라는 생각을 했다. 에디슨은 자신이 귀신과 소통하기 위한 과학적인 물건을 발명하기로 한다. 바로 전자기파를 이용한 귀신 소통 장치다. 그런데 문제가 있었다. 이것이 똑바로 작동한다는 것을 확인할 방법이 없었다. 에디슨은 자신의 조수인 윌리엄 딘 위디와 먼저 죽는 사람이 저승에서 반드시 메시지를 보낼 것을 굳게 약속한다.

에디슨이 사망한 후, 훗날 '네크로 폰'이라 불리게 된 귀신과 소통하는 기계의 도안과 복잡한 화학식이 그려진 스케치는 발견됐지만 기계가 실제로 만들어졌다는 증거와 그의 조수가 통신했다는 기록은 남아 있지 않았다.

귀신은 정말 있을까? 귀신의 존재 유무에 대한 싸움은 21세기인 현재까지도 음지에서 계속되고 있다. 간혹 '과학을 배운 이성적인 사람이 어떻게 귀신 같은 존재들을 믿어?'라고 비판하는 사람들이 있다. 공감은 하지만 나는 여기에 미묘한 차이가 있다고 생각한다. 귀신은 확실히 과학이 아니다. 하지만 이것이 귀신이 없다고 말하는 것은 아니다. 단지 반증할 수 없는 존재인 귀신을 과학에서는 다루지 않는 것뿐이다. 그래서 과학은 결코 귀신의 존재 유무를 판가름하지 않는다. 다만 과학의 영역에 들어오지 못한 귀신을 우리는 신뢰하지 않는 것이다. 그런데 만약 귀신을 과학의 영역 안에 존재하는 우리 세계 물질에서 찾아보면 어떨까?

귀신이 눈에 보인다면

먼저 귀신이 눈에 보인다고 가정해보자. 우리 눈은 빛을 통해

• 입자이나 파동성을 지닌 이중적 존재. 더 이상 나눌 수 없는 최소량의 에너지를 가진다.

세상을 본다. 빛은 광자라는 양자•들로 이루어져 있다. 광자는 물질을 구성하는 전자들과 상호 작용하며 물질의 모습을 우리 눈으로 전달한다. 전자와 상호 작용한 광자가 다른 전자로 전달되어 상호 작용하는 시스템이 우리가 잘 알고 있는 전자기력이다. 광자는 전자기력을 전달하는 전령인 셈이다. 그런데 우리가 보고 듣고 만지고 맛보고 냄새 맡는 등의 모든 감각은 물질의 전자와 상호 작용한 광자가 우리 몸의 전자로 전달되기 때문이다. 즉, 우리가 귀신을 볼 수 있다는 것은 만지거나 듣거나 맛보거나 냄새 맡을 수도 있다는 것과 같은 뜻이다. (그런데 이러한 존재를 귀신이라 하기에는 조금 그렇지 않은가?)

그런데 광자와 상호 작용을 하는데도 우리가 보지 못하는 것들이 있다. 바로 지금도 우리 옆에 있지만 보이지 않는 공기다. 공기는 확실히 존재하고 우리가 느낄 수 있는 존재다. 손을 빨리 휘두르거나 바람이 불 때 우리가 느끼는 것은 공기다. 눈에 보이지 않는 방귀 냄새가 지독하다는 건 더 말할 필요도 없다. 하지만 공기는 보이지 않는다. 왜 그럴까? 다음과 같이 생각할 수 있다.

> '공기를 구성하는 기체 분자들은 스스로 빛을 내지 못하고 태양 빛을 이용해야 한다. 그렇다면 기체 분자 수가 적어서 발생하는 빛의 양이 너무 작기 때문에 우리 눈이 감지하지 못하는 게 아닐까?'

맞는 말이지만 한 가지 더 생각할 게 있다. 기체 분자 수는 적지 않다. 그리고 오히려 기체 분자가 빽빽할 때 더 투명하고 느슨할 때 덜 투명하다. 기체 역시 질량을 가지기 때문에 중력의 영향을 받는다. 그래서 지구 중심과 가까운 지표면에는 기체 분자들이 빽빽하고 지구 중심과 먼 하늘에는 기체 분자의 수가 적다. 그런데 지표면의 기체는 투명하고 하늘의 기체는 파랗지 않은가?

지금까지 빛은 광자들로 이루어졌다고 얘기해 왔는데 사실 빛은 입자이면서 파동이다. 이것을 '빛의 이중성'이라고 한다. 기체가 투명한 이유는 빛의 파동적 성질로 이해하는 것이 쉽다. 빛의 파동을 전자기파라고 한다. 우리가 TV, 휴대전화의 통신에 사용하는 그 파동이다.

직진하는 빛이 기체 분자를 만난다. 빛의 파동인 전자기파는 자신의 에너지 일부를 이용해 기체 분자를 구성하는 원자를 진동시킨다. 정확히는 원자의 양전기를 띤 원자핵과 음전기를 띤 전자 부분을 서로 반대 방향으로 흔들며 진동시킨다. 물론 원자핵은 무겁기 때문에 주로 이동하는 것은 전자이다. 이렇게 양전기를 띤 원자핵과 음전기를 띤 전자가 진동하면 새로운 빛이 사방으로 발생한다. 요약하면 빛이 기체 분자를 통과할 때 빛의 에너지 일부가 원자로 하여금 새로운 빛을 사방으로 내뿜게 만든다. 이것을 '빛의 산란'이라 부른다.

우리가 투명하다고 생각하는 건 빛이 물체를 그대로 통과하

빛의 산란

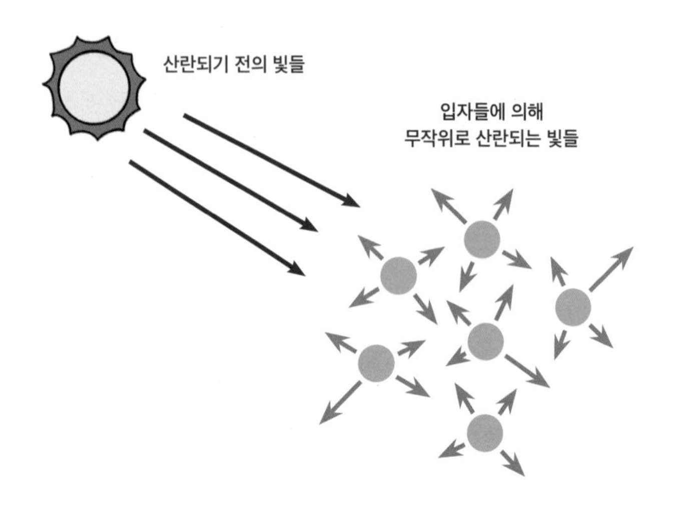

는 경우다. 물체 뒤쪽에서 날아온 빛이 통과되어 그대로 날아오고 물체 앞쪽으로 날아온 빛이 반사되지 않고 그대로 통과한다. 즉, 우리가 물체를 감지할 수 있는 빛이 존재하지 않는 것이다. 그런데 빛이 공기 분자에서 산란할 경우 우리는 산란된 빛을 보며 공기 분자를 감지할 수 있다. 산란된 빛의 세기는 원래 진행하던 빛의 세기보다 매우 약하지만 태양 빛의 에너지는 매우 크기 때문에 산란된 빛도 볼 수 있다. 하늘이 파랗게 보이는 건 기체 분자들이 빛을 산란시키고 그중 가장 많이 산란되는 파란 계통의 빛•을 우리가 느끼기 때문이다. 그런데 왜 지표면의 공기는 파랗지 않고 투명할까? 그 비밀은 파동의 성질에 있다.

파동은 서로 합쳐질 수 있다. 그래서 더 강해지거나 약해지거나 한다. 어릴 때 친구와 긴 줄을 각각 한쪽씩 잡고 흔들면서 파동을 보내던 때를 떠올리자. 줄에선 마치 산 모양의 언덕들이 위아래로 대칭을 이루며 상대에게 날아갔다. 이때 언덕의 높이를 진폭이라고 한다. 진폭은 파동의 세기다. 언덕의 높이가 더 클수록 더 센 파동이다. 어릴 때도 친구에게 더 강한 공격을 하려고 팔을 더 많이 흔들지 않았는가? 위로 높던 아래로 높던 상관없다. 높기만 하면 세다.

그런데 파동들이 합쳐질 때 진폭의 방향이 반대인 부분이 만나면 약해진다. 반대로 진폭의 방향이 같은 부분은 강해진다. 얼마 전에 구입한 이어폰에는 '액티브 노이즈 캔슬링' 기능이 있다. 이 기능을 켜면 노래를 들을 때 주변 시끄러운 소음이 마법같이 모두 사라진다. 이 장치를 구현하는 것은 기술적으로는 매우 어렵지만 원리는 간단하다. 소리는 음파다. 주변 소음의 파동을 분석해 그것의 진폭과 정반대 진폭을 가진 파동을 이어폰에서 만든다. 그렇게 주변 소음과 이어폰에서 만든 파동이 합쳐지면 주변 소음은 사라지게 된다. 지표면의 공기가 투명한 이유도 이와 같다.

지표면의 빽빽하게 밀집된 공기 안에는 셀 수 없이 많은 원자들이 존재한다. 그들이 제각각 산란시키는 빛들은 서로 합쳐

• 태양 빛은 빨, 주, 노, 초, 파, 남, 보 등 여러 색깔(파장)의 빛이 모두 섞여 있다. 빛이 산란할 때 각 색깔의 빛들이 산란되는 세기가 다르다. 산란되는 세기는 보라색으로 갈수록 크다.

공기 중의 빛의 산란

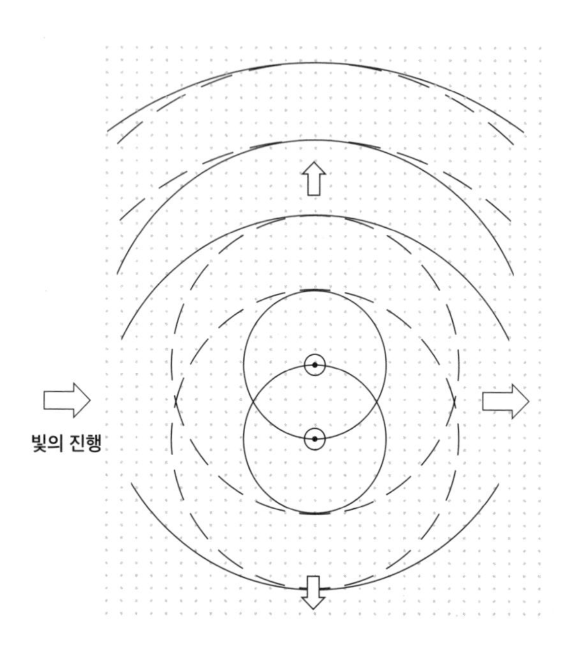

져 강화되거나 상쇄된다. 그런데 원래의 빛이 진행하는 방향을 제외한 옆이나 뒤로 진행하는 빛들은 대부분 상쇄된다. 이것은 빛이 그냥 통과하는 것과 같다. 그래서 우리는 산란된 빛을 볼 수 없고 공기를 눈으로 감지할 수 없는 것이다.

보지도 만질 수도 없는 물질들

그럼 귀신은 기체 분자로 이루어졌다고 해야 할까? 기체 분자는 조건에 따라 눈에 보이지 않는다는 점이 귀신의 속성과 닮았다. 그런데 기체 분자 역시 우리 세계를 움직이는 강력, 약력, 전자기력, 중력의 힘과 상호 작용을 하는 물질이다. 그래서 우리 세계의 물리적 법칙에서는 크게 벗어날 수 없다. 예를 들면 귀신은 벽 같은 공간을 자유자재로 통과한다. 하지만 기체 분자는 벽을 구성하는 물질과 상호 작용하기 때문에 꽉 막힌 벽은 통과할 수 없다. 애초에 귀신을 우리 세계 물질에서 찾는다는 것이 어불성설이기 때문에 이쯤에서 타협하는 게 좋지 않을까? 그런데 말이다. 우리 세계에는 보지도 만질 수도 없지만 존재해야 하는 귀신 같은 물질이 있다.

1933년대 스위스의 천문학자 프리츠 츠비키는 머리털자리 은하단 속 은하들의 속도를 관측하다가 이상한 사실을 알게 된다. 은하들의 속도가 너무 빠르다는 것이다. 디스코 팡팡을 타 본 사람들은 디스코 팡팡이 회전할 때 자신을 밖으로 튕겨 내려는 힘이 있다는 것을 알 것이다. 이 힘을 '원심력'이라 한다. 우리가 원심력을 받는데도 밖으로 날아가지 않는 이유는 테두리에 둘러 있는 의자가 우리를 원 안으로 붙잡아주기 때문이다. 이 힘은 '구심력'이다.

그런데 디스코 팡팡이 더 빨리 회전하면 원심력이 커진다. 커진 원심력을 구심력이 감당하지 못하면 우린 날아가 버린다. 의자가 부서진다거나 손잡이를 놓쳐 의자 위로 미끄러져 날아간다거나 하는 경우다. 은하단의 경우도 마찬가지다. 은하단을 구성하는 은하들도 은하단 중심을 축으로 회전하며 움직이기 때문에 원심력을 받는다. 은하들이 밖으로 튕겨 나가지 않게 잡아주는 구심력의 역할은 중력이 하게 된다.

중력은 은하단의 총 질량으로부터 나온다. 그런데 츠비키가 관측한 머리털자리 은하단의 총 질량이 너무 적었다. 그러니까 은하들이 현재 회전하는 속도를 감당할 만큼의 중력을 가지지 못하는 것이었다. 계산대로라면 머리털자리 은하단은 은하들의 원심력을 감당하지 못하고 뿔뿔이 흩어져야 했다. 그런데 그렇지 않았다. 은하단이 필요한 총 질량은 관측된 질량보다 400배 더 커야 했다. 츠비키는 보이지 않는 물질이 있다고 가정했고 그 물질을 둥클레 마테리dunkle Materie라 불렀다. 이는 독일어로 '암흑 물질'이다.

암흑 물질을 발견한 건 츠비키가 처음은 아니다. 그보다 3년 전에는 스웨덴 천문학자 크누트 룬드마르크가, 1년 전에는 네덜란드 천문학자 얀 오르트가 이런 사실을 관측했다. 하지만 암흑 물질은 과학자들 사이에서 중요한 부분으로 취급되지 않았다. 관측 기술이 발달하지 않아 생긴 측정 오차를 염두에 둬야 했다.

실제로 세 사람이 추정한 암흑 물질의 양은 모두 달랐다. 그러나 1970년대에 들어오면서 상황이 변한다. 워싱턴 카네기 연구소의 천문학자 켄트 포드와 베라 루빈은 은하에 속한 별들의 회전 속도에서도 츠비키의 발견과 똑같은 현상을 관측한다. 관측된 은하의 질량만으로는 별들의 운동을 설명할 수 없었다. 이것은 정교한 관측에서 나온 결과였다. 또한 은하나 은하단의 주변을 지나는 빛은 중력에 의해 굴절되는데 이것을 '중력 렌즈 효과'라고 한다. 중력 렌즈 현상을 관측하면 은하나 은하단의 질량 분포를 파악할 수 있다. 이를 통해 과학자들은 암흑 물질의 존재를 확신할 수 있었다. 그중 총알 은하단의 형태는 암흑 물질 존재에 대한 가장 강력한 증거다.

왜 암흑 물질을 느낄 수 없을까

암흑 물질이 보이지 않는다는 것은 빛의 알갱이인 광자와 상호 작용을 하지 않는다는 뜻이다. 이것은 광자를 매개 입자*로 갖는 전자기력의 영향을 받지 않는다는 것과 같다. 또 암흑 물질은 강력, 약력의 영향도 받지 않는다. 암흑 물질은 유일하게 중력으로만 상호 작용한다. 중력의 더 정확한 표현은 만유인력이다. 질량을 가진 물질들이 서로 잡아당기는 힘이다. 지구와 같은 행성들 또는 더 작은 물질들의 만유인력 집합을 중력이라고

* 두 입자 사이에 힘을 매개하는 입자로, 각각 어떤 장 에너지의 자이다. 예를 들면 전자기장의 양자는 광자이다.

하지만 기준이 정확히 정해진 것은 아니라 만유인력 대신 중력이란 표현을 그냥 많이 쓴다. 그런데 중력은 매우 약한 힘이다.

지금 당신 주변에는 많은 물건들이 있다. 물건들은 모두 질량을 가졌으니 중력이 존재한다. 그런데 당신이 물건을 아무리 집중해서 노려보더라도 당신을 끌어당기는 중력은 느낄 수 없다. 물건의 중력이 없는 것은 아니다. 너무 약하기 때문이다. 두 개의 전자는 서로 밀어내는 전자기력이 존재한다. 그리고 동시에 서로 잡아당기는 중력도 있다. 두 힘의 크기는 얼마나 차이 날까? 전자기력이 중력보다 1,042배나 크다.

얼마나 차이가 큰 건지 감이 안 오는가? 만약 당신의 왼팔 힘이 중력의 세기를 나타내고 오른팔 힘이 전자기력의 세기를 나타낸다고 해보자. 또 팔뚝의 두께와 힘의 세기가 비례한다고 가정한다. 그럼 왼팔의 두께가 헬륨 원자 정도일 때 오른팔의 두께는 현재 관측 가능한 우주의 지름보다 10배 더 커야 한다. 중력은 그 정도로 작은 힘이다. 그럼 도대체 왜 우주의 움직임은 전부 중력의 지배 하에 있는 것일까?

전자기력은 전하의 양에 의해 결정된다. 전하는 질량처럼 물질이 지닌 고유의 성질이다. 그런데 전하는 질량과 다르게 양전하, 음전하 두 종류가 존재한다. 이름에서 예상되는 것처럼 양과 음은 서로 상쇄된다. 우주의 전하는 양과 음이 서로 균형을 이룬다. 우리 주변의 물체들은 모두 양전하와 음전하의 양이 똑같기 때문에 전자기력이 나타나지 않는다. 하지만 중력은 물질이 모이면 모일수록 강해진다. 그래서 우주적 규모에선 중력이 전자기력을 압도하게 된다.

과학자들이 추정한 암흑 물질의 양은 보통 물질보다 5배나 많다. 만약 암흑 물질이 우리 은하 전체에 고르게 퍼져 있으면 우리 주변의 $1cm^3$ 공간에 양성자 1개 질량의 암흑 물질이 있다. 암흑 물질 입자의 질량과 이동 속도가 보통 물질의 물리적 법칙과 비슷하다면 1초마다 암흑 물질 입자 수십억 개가 우리를 통과하는 셈이다. 하지만 중력은 워낙 약한 힘이기 때문에 우리는 그런 사실을 눈치채지 못한다. 하지만 은하와 같은 거대한 구조에선 암흑 물질의 영향력은 매우 크다. 또 암흑 물질은 우주 탄생 초기에 우주의 구조가 현재의 모습으로 만들어지는 데 큰 역할을 했다.

그들만의 세상

암흑 물질은 암흑이란 이름처럼 베일에 싸여 있다. 우리가 암흑 물질에 대해 아는 건 오직 중력과 상호 작용한다는 것, 우주 에너지*의 26%를 차지한다는 것 두 가지뿐이다. 그런데 최근 하버드대학교 물리학 리사 랜들 교수와 그의 동료들이 암흑 물

* 우주 에너지 밀도 비율은 보통 물질 5%, 암흑 물질 26%, 암흑 에너지 69%이다.

질에 대한 한 가지 재미있는 가설을 세웠다. 우리가 암흑 물질이라고 통틀어 부르는 물질들이 사실은 서로 다른 종류의 물질들로 이루어졌고 일부의 암흑 물질들은 자기들끼리 상호 작용하는 힘을 지녔다고 한다. 우리의 전자기력, 강력, 약력처럼 암흑 전자기력, 암흑 강력, 암흑 약력 같은 힘을 지닌 것이다. 전자기력, 강력, 약력이 암흑 물질에 영향을 주지 않고 보통 물질에만 영향을 주는 것처럼. 암흑 전자기력, 암흑 강력, 암흑 약력* 같은 힘도 보통 물질에 영향을 주지 않고 암흑 물질에만 영향을 주고받는다. 암흑 물질과 보통 물질은 중력을 통해서만 서로 영향을 주고받을 수 있다.

리사 랜들의 가설이 사실이라면 재미있는 일이 발생한다. 일부의 암흑 물질은 우리 은하 회전 축의 중심에 얇은 원반을 이뤄야 한다. 이것을 암흑 원반이라고 불렀다.

우리 은하도 구의 형태가 아니라 납작한 원반 형태지만 암흑 원반은 이것보다 더 얇은 원반의 형태로 은하 전체에 걸쳐 있다. 그런데 태양계의 공전 축은 우리 은하에 수직이 아니다. 그래서 우리 은하를 공전할 때 암흑 원반을 대략 3,200만 년 주기로 통과한다. 이때 태양계 외곽에 불안정한 오르트 구름 얼음덩어리들이 암흑 물질 중력에 영향을 받아 태양계 내부로 떨어져 내린다. 오르트 구름의 얼음덩어리가 바로 우리가 말하는 장주

* 정식 명칭이 아니라 암흑 물질들끼리 상호 작용하는 힘을 나타내기 위한 리사 랜들의 비유다.

암흑 원반의 모습

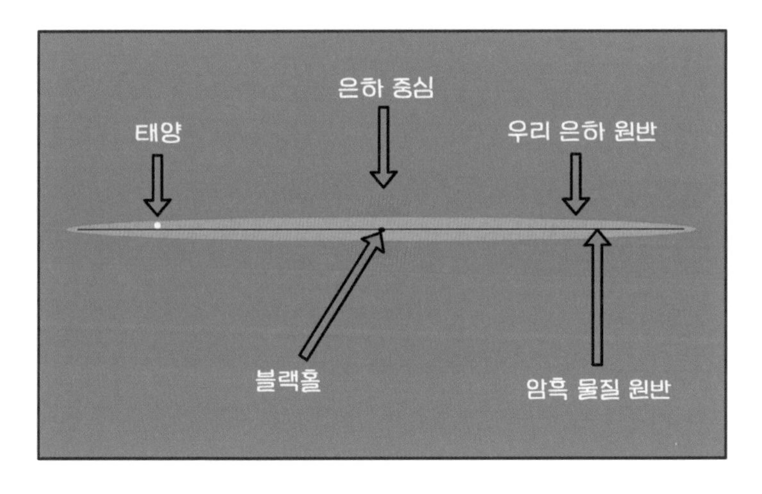

기 혜성이다. 일종의 혜성 소나기가 태양계 행성들로 쏟아져 내리는 거다. 무려 100만 년 동안이나 지속된다. 이 혜성들 중 한 방은 지구에도 떨어질 거다. 일부의 학자들은 지구의 혜성, 소행성 등의 대형 충돌이 주기적이라 판단한다. 리사 랜들은 그 이유가 바로 암흑 원반 때문이라고 한다. 그리고 이 충돌 중 하나가 바로 6,600만 년 전 공룡을 멸종시킨 '칙술루브 크레이터의 충돌'이다.

물론 이것은 아직까지 가설의 단계이고 많은 검증을 거쳐야 한다. 그런데 만약 리사 랜들의 가설처럼 암흑 물질에 자기들끼리 상호 작용하는 힘이 존재한다면 전자기력, 강력, 약력으로 상호 작용하는 보통 물질이 지금 우리 세상을 만든 것처럼 암흑 물질로 이루어진 그들만의 세상이 있는 게 아닐까? 우리는 볼 수 없지만 바로 지금 우리 옆에 말이다.

우리와 상호 작용하지 않지만 존재하는 그들, 어쩌면 이것이 우리가 말하는 귀신은 아닐까? 아니 귀신은 우리일지도 모른다. 그들은 어쨌든 우리보다 우주에 5배나 많지 않은가.

당신이 상상하던 태양계는 없다

내가 다니던 대학교 기숙사 뒤편에는 작은 언덕이 하나 있었다. 사람들이 자주 다니는 샛길 옆에 있었는데 길 반대편의 완만한 경사로에는 사람들의 시선이 닿지 않았다. 짝사랑하던 여자에게 고백했거나 성적표를 받았을 때처럼 마음이 작아질 때면 가끔 언덕에 누워 밤하늘을 보았다. 위 위 우는 풀벌레 소리와 시원한 밤공기가 좋았다. 별자리를 찾는 고상한 취미는 없었다. 그냥 음악을 들으며 밤하늘을 올려다보면 거대한 우주를 영화관의 한 화면에 담는 것 같았다. 내가 마치 신과 같은 큰 존재가 되어 작은 우주를 한눈에 보는 느낌이랄까?

그러다 이런 생각으로 빠져들었다.

'나는 지금 어디에 누워 있는 걸까?'

우주 안의 지구를 떠올리고 태양을 떠올렸다. 그리고 태양계 가족들을 떠올렸다. 거대한 태양계를 완성하고 지구 위에 누워 있는 나를 상상하면 우주 속 중요한 구성원이 된 것 같아 마음이 충만해졌다. 하지만 마음이 한없이 부풀어 오르다가 또 한없이 초라한 기분이 들기도 했다. 왜 그런지 궁금한가?

한번 머릿속에 당신이 생각하는 태양계를 떠올려 보라. 아마 모두 비슷한 모습을 상상했을 거라 생각한다. 이런 모습처럼 말이다.

태양계에는 수성Mercury, 금성Venus, 지구Earth, 화성Mars, 목성Jupiter, 토성Saturn, 천왕성Uranus, 해왕성Neptune의 8개 행성이 있다. 내가 어릴 때는 명왕성Pluto까지 포함해서 총 9개였는데 명왕성은 국제천문연맹IAU, International Astronomical Union으로부터 2006년에 행성의 자격을 박탈당했다. 사실 명왕성은 조금 억울할 수 있는데 이 얘기는 뒤에서 좀 더 해보도록 하자. 마지막으로 태양계의 중심에는 거친 화염을 내뿜으며 8개의 행성으로 에너지를 공급하는 태양이 있다. 그래서 우리가 커다란 태양이 중앙에 있고 그 주변을 8개의 행성들이 돌고 있는 태양계를 떠올리는 것이 당연하다. 태양계를 묘사한 거의 모든 그림도 이와 다르지 않을 것이다.

그런데 태양계를 조금 더 자세히 들여다본다면 이와 같은 상

태양계 행성들

상은 매우 합리적이지 못하다는 생각이 든다.

태양계를 벗어났다?

2013년 9월 12일, 미국 항공 우주국NASA, National Aero-nautics and Space Administration에서 역사적인 발표를 한다. 2012년 8월 25일 기

준으로 보이저 1호가 태양계를 벗어났다고 선언한 것이다. 보이저 1호는 1977년에 NASA에서 토성과 목성 조사를 위해 발사한 무인 탐사선이다. 4년 동안 본래 임무를 성공적으로 완수한 보이저 1호는 곧바로 태양계 바깥의 우주를 탐사하러 떠났다. 그리고 현재 인류가 만든 물건 중 지구와 가장 멀리 떨어져 있다. 인간이 만든 물건이 태양계를 벗어나는 순간이라니 얼마나 역사적이고 감동적인가? 그 당시 실시간으로 발표를 접한 나는 마음이 웅장해지고 가슴이 벅차올랐다.

그런데 NASA의 발표를 자세히 살펴보면 조금 이상하다. NASA의 발표는 2013년, 보이저 1호가 태양계를 벗어난 건 2012년이다. 왜 NASA는 보이저 1호가 태양계를 벗어나고 1년이나 지나서야 공식적인 발표를 했을까? 그 이유는 보이저 1호가 태양계를 벗어났다는 기준에 대한 논쟁이 과학자들 사이에 오랜 기간 벌어졌기 때문이다.

태양계의 끝은 어디일까? 현재 태양계 끝에 대한 정의는 두 가지로 내릴 수 있다. 첫 번째는 태양의 중력이 외계 중력에 비해 압도적으로 영향을 미치는 범위까지 정하는 것이다. 지구가 태양의 중력 때문에 태양 주위를 공전한다는 사실을 알고 있을 것이다. 태양이 지구를 통제하는 것처럼 태양계의 끝을 태양이 자신의 중력으로 우주의 천체들을 통제할 영역까지 정한다는 말이다. 어떤 천체가 태양으로부터 멀리 떨어져 있어 태양의 중력보다 다른 항성이나 외계 천체들의 중력 영향을 더 많이 받는다면 그곳은 태양계가 아니다.

작은 장난감 공이 가득 찬 볼 풀장에 A와 B가 한 팔 간격보다는 멀고 양팔 간격보다는 짧게 떨어져서 서 있다고 생각해보자. A와 B는 움직이지 못하고 제자리에 서서 공을 통제할 수 있다. A는 B보다 팔이 길다. B는 자신과 가까운 영역의 공을 쉽게 통제할 수 있다. 이곳에는 A의 손이 닿지 않는다. 여기는 B의 영역이다. 그런데 B에게서 조금 멀어진 어떤 영역의 공은 A에겐 쉽게 닿지만 B는 손을 쭉 뻗어야 간신히 손가락 끝에 걸릴 정도이다. A는 이 영역의 공을 쉽게 통제하지만 B는 그렇지 못하다. 그럼 이 영역은 A의 영역이다. B가 태양이라면 태양계는 이곳에서 끝난다.

이 기준에 따르면 태양으로부터 1,000AU•부터 5만AU의 거리까지 존재할 것이라고 추정되는 오르트 구름도 태양계의 일부가 된다. 오르트 구름은 네덜란드 천문학자 얀 헨드릭 오르트의 이름을 딴 천체 구조이다. 얼음덩어리의 작은 행성들 약 1조 개가 태양계 외곽을 구름처럼 둘러싼 구조를 말한다. 5만AU의 거리라니! 태양에서 해왕성까지 거리의 대략 1,600배나 된다. 그럼 초속 17km의 엄청난 속도로 이동하는 보이저 1호도 오르트 구름의 끝을 지나려면 1만 년은 더 지나야 한다. 이 정의에 따르면 보이저 1호는 아직 태양계 발끝에도 미치지 못한 것이

• 1AU = 태양과 지구 간의 평균 거리, 약 1억5천만km.

다.

그런데 중력에 의한 태양계 끝 정의는 불분명한 점이 많다. 다른 외계 천체의 영향이 더 큰 곳이 어디인지 정하기가 어렵다. 태양 중력이 0인 지점으로 정하면 되지 않겠느냐고? 뉴턴의 중력 법칙에 따르면 거리가 멀어질수록 중력이 작아진다. 거리가 2배 멀어지면 중력이 4배 작아지고 거리가 4배 멀어지면 중력이 16배 작아지는 방식이다. 그럼 중력은 언제 0이 될까? 수학적으로는 거리가 무한대가 될 때 중력이 0으로 수렴한다. 그렇다고 태양계 끝을 무한대 떨어진 거리로 정할 수는 없지 않은가? 그래서 태양계 끝이 어디인지 딱 정하는 것은 매우 애매하다.

두 번째 태양계의 끝

태양계 끝을 정의하는 두 번째 방법은 이것보다 좀 더 명확하다. 태양은 핵융합을 통해 에너지를 우주로 발산하는데 이때 전자와 양성자 같이 전기를 띤 하전 입자들도 함께 방출한다. 이것을 태양풍이라고 부른다. 태양풍의 입자들은 우주 공간으로 뻗어나간다. 그리고 다른 항성에서 내보낸 하전 입자, 초신성의 폭발 잔해, 우주 공간의 다른 가스나 먼지들과 만나게 된다. 짐승들은 자신의 영역 표시를 위해 체취를 사방에 묻힌다. 태양풍은 태양의 체취와 같다. 그럼 태양풍으로부터 방출된 하전 입자가 줄고 외계의 입자들이 급격히 늘어나는 곳을 태양계의 끝이라고 정의할 수 있다.

2012년 8월 보이저 1호의 데이터에는 보이저 1호가 검출한 입자들의 성질이 현격히 바뀌었다는 것이 나타났다. 그래서 NASA는 보이저 1호가 태양계를 벗어났다고 선언한 것이다. 다만 논쟁이 되었던 점은 하전 입자들의 성질이 바뀌었으면 하전 입자들이 만들어 내는 자기장의 변화가 관찰되어야 하는데 그렇지 않았다. 하지만 과학자들은 결국 그것은 크게 중요치 않다는 결론을 내렸다.

이 정의에 따르면 태양계 끝까지의 거리는 대략 100AU 정도이다. 오르트 구름까지의 거리에 비해선 아주 가깝지만 이곳도 해왕성까지의 거리(30AU)의 3배가 넘어간다. 그러니까 태양계는 우리의 생각한 것보다 좀 더 크다. 아니 많이 크다. 가장 작게 추정한 거리가 지구와 태양까지 거리에 100배나 되니까 말이다.

그날의 명왕성은 억울했다

태양계 공간에는 많은 천체 가족들이 살고 있다. 이들은 항성, 행성, 왜소행성, 소행성, 유성체, 혜성 등으로 구분할 수 있다.

항성Fixed Star은 우리가 별이라고 부르는 스스로 빛을 내는 천체를 말한다. 국어사전적 의미의 별은 밤하늘의 모든 천체를 말하지만 천문학 용어의 별은 항성을 얘기한다. 태양계 내에서 항성은 태양이 유일하다. 태양계 안의 나머지 천체들은 모두 스스로 빛을 내지 못하고 태양 빛을 반사할 뿐이다.

행성planet은 우리가 잘 아는 수성, 금성, 지구, 화성, 목성, 토성, 천왕성, 해왕성을 가리키는 말이다. 그런데 태양계의 수많은 천체 중 왜 이들만 행성이 되었을까? 행성의 자격을 얻기 위해서는 세 가지 자격 기준을 통과해야 한다.

첫째, 항성 주위를 정해진 궤도로 공전해야 한다. 태양계에서는 태양 주위를 일정한 궤도로 돌아야 한다.

둘째, 충분한 질량을 지니고 있어서 구형에 가까운 형태를 가져야 한다. 이건 조금 설명을 해보자. 질량을 가진 물질들은 만유인력에 의해 서로 끌어당긴다. 그럼 물질들은 서로 가까워진다. 그런데 너무 가까우면 부담스럽기 마련 아닌가? 물질들은 너무 가까워지면 밀어내는 힘•이 작용해 더 이상 가까워지지 못한다. 물질들이 많을 경우 서로 뭉치려는 힘(인력)과 밀어내는 힘(척력)이 밀고 당기고 하면서 물질을 반죽하기 시작한다. 그러다 두 힘이 평형을 이루는 안정된 형태에 도달하게 된다. 그것이 바로 구이다. 그래서 천체가 구형이라는 것은 많은 양의 질량을 가지고 있고 인력과 척력이 평형을 이룬 안정된 형태에 도달했다는 뜻이다.

명왕성에게 일어난 일

원래는 여기까지가 행성의 일반적인 자격이었다. 사람들이 이것을 행성의 자격이라고 정하자고 서로 약속했던 것은 아니지만 고대부터 밤하늘을 관측해온 인류가 행성이라고 생각했던

• 전기적 척력, 전자 축퇴압, 중성자 축퇴압이 원인이 되는 힘.

천체들 모두 이 두 가지를 충족하고 있었다. 그리고 여기에는 원래 명왕성도 포함되어 있었다.

사실 명왕성은 1930년에 발견된 직후부터 워낙 이상한 친구이긴 했다. 태양을 도는 다른 행성들의 궤도는 모두 원에 가까운 타원 형태인데 명왕성의 궤도는 다른 행성들 궤도보다 더 찌그러져 있었다. 또 화성을 지나서 존재하는 목성, 토성, 천왕성, 해왕성의 크기와 질량이 모두 지구의 수십 배에 달하는 데 비해 행성들의 가장 외곽에 존재했던 명왕성은 지구에 비해 수백 배 작았다. 그래도 사람들은 명왕성을 행성이라고 생각했다. 어쨌든 태양 주위를 정해진 궤도로 공전하면서 구형에 가까운 형태를 가졌기 때문이다.

문제는 명왕성 옆집에 사는 에리스Eris가 발견되면서 발생했다. 에리스가 발견되기 이전에도 이상하게 명왕성의 궤도 근처에선 명왕성과 비슷한 천체들이 많이 발견되었다. 그런데도 명왕성만 행성으로 불리니 모양새가 조금 이상하긴 했지만 발견된 다른 천체들이 명왕성에 비해서 작기 때문에 슬쩍 넘어갈 수 있었다. 그런데 2005년에 발견된 에리스라는 천체가 명왕성보다 25%나 크고 27%나 더 무겁다는 추정 결과가 나왔다. 이렇게 되면 문제가 생긴다. 명왕성을 행성으로 인정하려면 명왕성 주변의 다른 천체들도 모두 행성으로 인정하는 게 논리적으로 맞았다. 과학자들은 이 문제를 해결하기 위해 행성의 정의를 정하기로 의견을 모은다. 행성의 정의가 21세기에 이르러서야 정해졌다니 조금 놀라운 대목이다.

2006년 국제천문연맹은 앞서 얘기한 두 가지의 기준에 세 번째 기준을 추가해서 행성의 정의를 내린다. 이 기준은 명왕성 저격 기준이다. 명왕성과 비슷한 다른 많은 천체들을 모두 행성으로 받아들이는 것보다 명왕성 하나를 행성에서 빼버리는 것이 더 나은 선택이었기 때문이다.

세 번째 기준은 바로 자기 궤도 주변의 다른 천체로부터 지배권이 있어야 하는 것이다. 쉽게 말하면 자기 주변 청소를 잘 했어야 한다는 뜻이다. 행성이 형성될 때 주변의 천체들이 합쳐지는데 명왕성은 주변 천체들을 흡수하지 못해서 다들 독자적으로 비슷한 궤도를 돌고 있다. 그런데 지구 근처에도 함께 태양을 공전하는 우리의 이웃, 달이 있지 않은가?

그럼 지구도 행성의 기준을 만족하지 못하는 것일까? 만약 행성 주변에 달과 같은 다른 천체가 있을 경우 자신 주위로 공전하게 만든다면 그것은 다른 천체로부터 지배권이 있는 것이다. 행성 주위를 도는 천체를 위성이라 부른다. 달은 지구의 위성이고, 지구는 달에 대한 지배권이 있다. 명왕성의 주변에는 카론Charon이라는 천체가 있었는데 명왕성이 카론을 완벽히 지배하지 못하고 카론의 중력에 휘둘린다는 의견이 있었다. 그래서 결국 명왕성은 행성의 지위를 박탈당하고 만다.

하지만 명왕성이 호락호락하게 그냥 물러났던 것은 아니다. 미국을 중심으로 하는 천문학자들이 명왕성의 퇴출에 크게 반대했다. 왜냐하면 명왕성을 발견한 사람이 미국의 천문학자 클라이드 윌리엄 톰보였기 때문일 것이다. 만약 우리나라 과학자가 새로운 행성을 발견했는데 그 행성이 퇴출된다면 어쩌면 나도 키보드 워리어로 변신할지 모른다.

사실 명왕성은 억울한 점도 많았다. 카론의 중력에 명왕성이 휘둘린다는 것에 대해 국제천문연맹의 공식적인 발표는 아직 없다. 명왕성이 지배권을 갖지 못한다는 카론은 현재 공식적으론 명왕성의 위성으로 분류되어 있다. 또 명왕성의 퇴출에 결정적 역할을 했던 건 천체 에리스가 명왕성보다 크다는 것이었는데 2015년 뉴 호라이즌스 호가 명왕성에 근접 비행하면서 명왕성의 자세한 정보를 얻고 에리스의 더 정확한 관측 정보를 분석하니 명왕성이 에리스보다 무겁지는 않더라도 더 크다는 사실이 확인되었다. 이 사실이 먼저 확인되었다면 어쩌면 행성의 정의를 정하는 사건이 벌어지지 않았을지도 모른다.

우리가 몰랐던 세계

2006년 명왕성을 퇴출하면서 국제천문연맹은 왜소행성dwarf planet이라는 용어를 새로 만들어 행성의 첫 번째, 두 번째 정의를 만족하지만 세 번째를 통과하지 못한 행성들을 위로했다. 명왕성을 비롯해서 하우메아Haumea, 마케마케Makemake, 에리스Eris, 세레스Ceres가 여기 속한다. 이 중 세레스만 유일하게 화성과 목성 사이 소행성들이 모여 있는 소행성대에 위치한 왜소행성이고, 명왕성을 포함한 나머지 왜소행성은 카이퍼대라 불리는 해왕성 궤도 바깥쪽의 천체 밀집 영역에 존재한다.

소행성Asteroid은 아직 국제천문연맹의 공식적인 정의가 없다. 일반적으론 행성보다는 작고 유성체보다는 큰 천체를 가리킨다. 소행성은 구형보다는 울퉁불퉁한 불규칙한 형태를 가지고 있고 혼자 있기보다는 우르르 모여 함께 궤도를 도는 무리 생활을 한다. 그렇다고 소행성이 서울 시내 아파트처럼 조밀하게 모여 있는 모습을 상상하지 않기를 바란다. 우주적 규모에서 가까이 모여 있다는 뜻이다. 태양계 내 대부분의 소행성은 화성에서 목성 궤도 사이 부근에 위치한 주소행성대라 불리는 영역에 있다. 소행성대에는 폭이 1km가 넘는 소행성이 수십만 개가 넘을 것으로 추정된다.

소행성보다 작은 유성체Meteoroid는 의외로 가장 먼저 표준 정의가 내려진 천체이다. 국제천문연맹은 1961년 유성체를 행성 사이의 우주 공간을 움직이는 단단한 천체로 소행성보다 꽤 작고, 원자나 분자보다 훨씬 큰 천체로 정의했다. 소행성은 유성보다 큰 천체인데 또 유성은 소행성보다 꽤 작은 천체라고 정하다니 이과생들에게 이런 정의는 상당히 불편하긴 하지만 우주 공간에 떠다니는 돌덩이 정도라고 생각하면 쉽다. 물론 작은 것은 10마이크로미터이기도 하다. 유성체가 대기권에 진입해 빛

태양계 구조

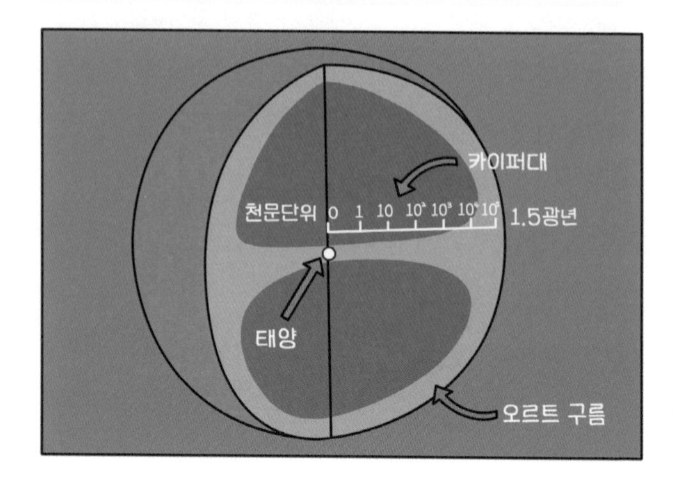

과 열을 내며 타는 것을 유성, 다 타지 않고 땅에 떨어진 것을 운석*이라고 부른다.

혜성comet은 길게 늘어진 타원 궤도를 가지고 태양을 공전하는 천체를 말한다. 보통 크기는 수 킬로미터에서 수십 킬로미터에 달한다. 76년마다 지구를 찾아오는 핼리 혜성처럼 공전 주기가 200년 미만으로 짧은 단주기 혜성은 카이퍼대 근처 바깥의 산란 원반이란 곳으로부터 오고 200년 이상의 공전 주기를 갖는 장주기 혜성은 오르트 구름의 영역에서 온다고 알려져 있다.

* 운석은 소행성, 혜성에 의해 생길 수도 있다.

이제 태양계 식구들의 소개가 끝났다. 은근슬쩍 카이퍼대, 산란 원반, 오르트 구름 등 다소 생소할 수 있는 태양계 영역들도 끼워 넣었는데, 당신의 머릿속에 새로운 태양계가 멋지게 그려졌길 바란다.

당신과 지구
그리고 라면수프의 공통점

태양계에서 태양을 제외한 모든 천체들의 질량 중 71%는 목성이 차지한다. 토성은 21%를 차지한다. 천왕성과, 해왕성을 합하면 이들 목성형 행성*은 태양을 제외한 태양계 질량 중 99%를 차지한다. 수성, 금성, 지구, 화성을 포함해 우리가 지금까지 살펴본 왜소행성, 소행성, 유성, 혜성들은 모두 더해도 1% 밖에 안 된다. 태양까지 포함하여 생각한다면 태양계에선 태양이 99.86%의 질량은 차지한다. 목성을 포함한 나머지 모든 천체들은 작은 돌 부스러기 하나까지 박박 긁어모은다고 하더라도 0.14%밖에 되지 않는다. 18K의 금은 75%가 금이다. 나머지

* 태양계에서 수소, 헬륨 등의 유체가 주성분인 목성, 토성, 천왕성, 해왕성을 일컫는 말이다.

25%가 무엇으로 이루어져 있는지 알고 있는 사람은 드물다. 순금이라 불리는 24K의 금도 100%가 아니라 99.99%다. 하지만 이건 그냥 금이 틀림없다. 어느 누구도 0.01%의 불순물을 순금의 구성 요소로 생각하지 않는다. 그럼 99.86%의 질량을 태양이 차지하는 태양계에서 0.14%의 나머지는 어떤 의미일까?

우리가 떠올린 태양계에는 행성들이 위풍당당 존재감을 과시하고 있었다. 하지만 태양계의 공간은 매우 컸다. 태양계 크기에 비하면 손톱 크기도 안 되는 지구와 달 사이의 거리도 384,000km이다. 이 사이에는 태양계의 모든 행성들을 일렬로 세울 수 있다.

태양은 매우 거대하다. 지구가 일렬로 109개나 들어가고 지구로 태양을 채우려면 130만 개의 지구가 필요하다. 이렇게 큰 태양조차 태양계의 끝에서 끝까지 2만 개나 줄 세울 수 있다. 이마저도 태양계 끝을 태양풍이 도달하는 가까운 거리로 정의했을 때다. 그래서 우리가 만약 크기를 기준으로 태양계를 그린다면 축구 운동장에 간신히 욱여 넣은 원을 태양계의 테두리로 그린다고 할지라도 태양의 크기는 5mm 정도의 작은 돌 부스러기 정도다. 지구를 그려 넣기는 매우 힘들다. 지구를 그리기 위해서는 머리카락 굵기의 펜이 필요한데 이건 현재 가장 얇은 펜보다 10배 정도 얇다. 거대한 불덩어리에서 무시무시한 화염이 솟구치고 8개의 영롱한 구슬들이 그 주변을 돌며 불덩어리와 구슬 사이의 빈 공간에는 집채만한 바위와 얼음 암석이 무수히 떠다니는 역동적인 태양계를 상상했는데 태양계의 실상은 그냥 까만 우주 공간에 빨간 점 하나 찍힌 황량한 공간이다. 우리를 더욱 처량하게 하는 것은 그 빨간 점 하나가 태양계의 99.86%라는 사실이다.

1990년 2월 14일 보이저 1호가 해왕성을 지나 태양계 외곽으로 향할 때 천문학자 칼 세이건은 보이저 1호의 카메라를 지구 쪽으로 돌릴 것을 지시했다. 우리에겐 《코스모스》의 저자로 더 유명한 칼 세이건은 당시 보이저 계획의 화상 팀을 담당하고 있었다. 많은 연구자들이 우려를 표했으나 칼 세이건은 국민들의 세금으로 만들어진 보이저 1호가 국민들을 위해 그 정도의 보답은 해줄 수 있어야 한다며 강행했다. 그래서 보이저 1호는 카메라를 돌려 지구를 포함한 6개의 행성들을 찍게 된다. 이 사진들의 명칭은 '가족 사진'이다. 이곳에 찍힌 지구의 모습은 어땠을까? 사진 속 지구의 모습은 아주 작고 희미한 1픽셀의 점이었다. 칼 세이건은 이것을 창백한 푸른 점이라고 불렀다. 칼 세이건의 저서 《창백한 푸른 점The Pale Blue Dot》에는 사진에 대한 소감이 아래와 같이 나와 있다.

"우주라는 광대한 스타디움에서 지구는 아주 작은 무대에 불과합니다. 인류 역사 속의 무수한 장군과 황제들이 저 작은 점의 극히 일부를, 그것도 아주 잠깐 동안 차지하는 영광과 승리를 누리기 위해 죽였던 사람들이 흘린 피의 강물을 한번 생각해 보십시오. 저 작은 픽셀의 한쪽 구석에서 온 사람들이 같은 픽

창백한 푸른 점

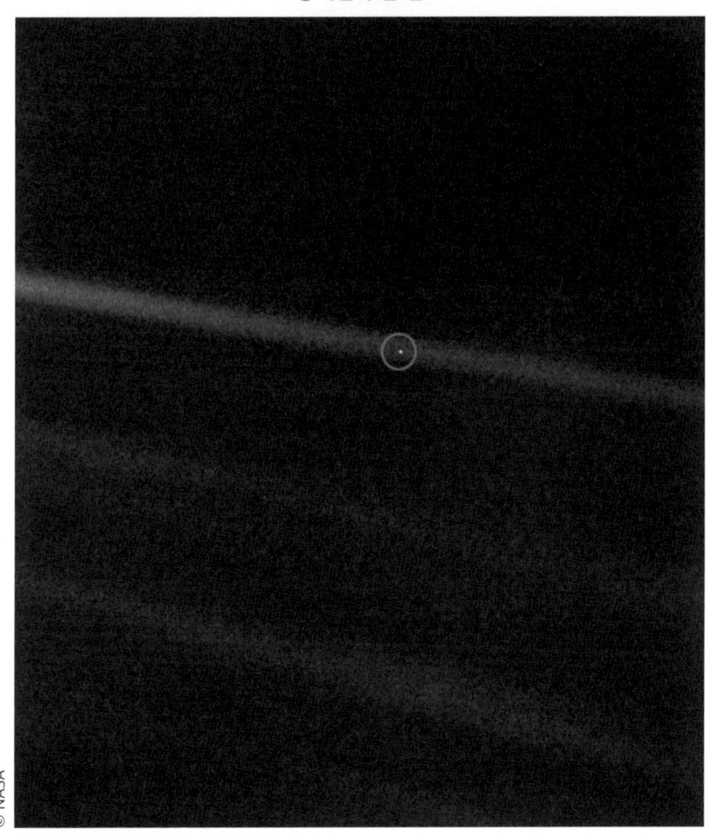

셀의 다른 쪽에 있는, 겉모습이 거의 분간도 안 되는 사람들에게 저지른 셀 수 없는 만행을 생각해보십시오. 얼마나 잦은 오해가 있었는지, 얼마나 서로를 죽이려고 했는지, 그리고 그런 그들의 증오가 얼마나 강했는지 생각해보십시오. 위대한 척하는

우리의 몸짓, 스스로 중요한 존재라고 생각하는 우리의 믿음, 우리가 우주에서 특별한 위치를 차지하고 있다는 망상은 저 창백한 파란 불빛 하나만 봐도 그 근거를 잃습니다. 우리가 사는 지구는 우리를 둘러싼 거대한 우주의 암흑 속에 있는 외로운 하나의 점입니다. 그 광대한 우주 속에서 우리가 얼마나 보잘것없는 존재인지 안다면, 우리가 스스로를 파멸시킨다 해도 우리를 구원해줄 도움이 외부에서 올 수 없다는 사실을 깨닫게 됩니다."

아주 작은 것의 의미

칼 세이건의 지적처럼 태양계에서 우리가 어떤 존재감을 갖고 있을 거라고 생각했던 것은 우리의 커다란 착각이었다. 외계인이 보는 태양계는 그냥 태양일뿐이지 않을까? 우리는 그저 0.14%의 불순물에 불과하다. 그런데 이것은 틀렸다.

99.95%가 탄소인 다이아몬드의 다양한 형태와 색을 결정하는 것은 0.05%의 불순물이다. 원자에서 전자가 차지하는 질량은 0.03%도 되지 않는다.* 하지만 물질을 보거나 만지거나 맛보는 등 우리가 경험하는 세상의 모든 현상은 원자의 가장 바깥쪽에 위치한 몇 개의 전자에 의해서 일어난다. 외계인들이 태양

* 탄소 원자를 기준으로 계산한 결과이다. 원자량이 큰 원자의 경우 더 작아진다.

계를 발견한다면 특별한 것은 99.86%인 태양의 불꽃이 아니라 0.0003%인 지구에서 나오는 라디오 방송일 것이다. 센타우르스자리 알파별 친구들은 지금쯤 몇 년 전 윤성빈 선수의 평창 동계 올림픽 금메달 소식을 접했다. 어찌 특별하지 않을 수 있겠는가?

우리 세계는 국가, 사회, 단체, 모임 등의 커다란 덩어리로 이루어졌지만 그곳에서 중요한 무언가가 결정되고 변화가 일어나는 것은 항상 매우 작은 부분에서다. 우리는 우리가 속한 곳에 비록 0.01%도 안 되는 매우 작은 불순물일지 모르지만 중요한 변화를 만들어낼 수 있는 존재다. 나의 작은 행동은 바람이 되어 사회를 바꿀 수 있고 나의 작은 아이디어가 회사를 살릴 수 있다. 작은 디테일의 차이가 명품을 만들고 라면 맛을 라면수프가 결정하는 것처럼 당신의 존재가 전체를 결정하고 특별하게 만든다. 태양계에서 지구는 작지만 가장 특별하고 중요한 행성이다. 당신도 작지만 가장 특별하고 중요한 사람이다.

누구나 이해하는 상대성 이론의 출발

칠흑같이 어두운 피렌체의 어느 여름밤, 피렌체 학술원의 두 사람이 1.6km 정도 떨어진 골짜기 양쪽에 등불을 든 채 마주 보고 서 있다. 그들은 몇 년 전 죽은 갈릴레오가 제안한 방법으로 빛의 속도를 측정하고 있다. 두 사람은 차례로 자신의 등불을 가렸다 보였다를 반복하며 빛이 골짜기를 가로지르는 시간을 측정했다. 하지만 결국 그들은 빛의 속도를 잴 수 없었다. 빛은 순간적으로 골짜기를 통과하는 것 같았다. 사람들은 빛의 속도가 무한하다는 것이 다시 증명됐다고 생각했다. 그렇지만 피렌체 학술원은 빛의 속도가 무한하다는 결론을 내지 않았다. 단지 빛의 속도가 지금의 기술로 측정할 수 없을 만큼 빠른 것으로 결론 내렸다.

그리고 몇십 년 뒤인 1677년, 영국 왕립학회 학술지 〈철학회보〉에 놀라운 내용이 실린다.

> "제가 목성 주위를 돌고 있는 위성 중 하나인 이오의 월식 주기를 관찰했습니다. 이오가 목성에 가려지고 빠져나온 뒤부터 다음번 가려지기까지 시간 간격이 있잖아요? 그런데 이 시간 간격이 지구가 목성과 가까울 때와 멀 때 차이가 나더라고요. 이것은 이오의 공전 속도는 일정하지만 멀리 있는 빛은 지구에 도착하는 데 시간이 오래 걸리기 때문입니다. 즉, 빛의 속도는 유한합니다."

덴마크의 과학자 올레 뢰머가 계산한 빛의 속도는 대략 212,000,000m/s였다. 현재 정해진 빛의 속도 299,792,458m/s와 큰 차이가 나는 결과지만 올레 뢰머의 관찰로 빛의 속도가 유한하다는 사실이 최초로 밝혀지게 되었다.

빛의 속도를 좀 더 정확하게 측정한 것은 1862년 프랑스의 물리학자 레옹 푸코이다. 푸코는 빛의 속도를 측정하기 위해 도미니크 프랑수아 아라고가 고안한 회전 거울을 사용했다. 이 장치는 광원과 빛 감지기 그리고 회전 거울과 정지 거울로 이루어져 있다.

먼저 광원에서 출발한 빛은 회전하는 거울로 나아간다. 회전 거울에서 반사된 빛은 정지 거울로 나아간 뒤 반사되어 다시 회

회전 거울

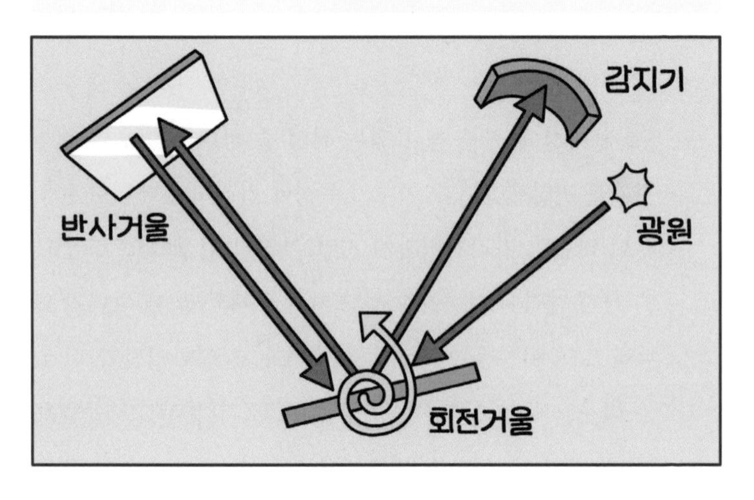

전 거울로 돌아온다.

빛이 돌아오는 동안 회전 거울이 회전했기 때문에 빛은 처음 출발한 광원으로 반사되지 않고 다른 각도로 반사되어 빛 감지기로 향한다. 회전 거울의 회전 속도, 회전 거울과 정지 거울 사이의 거리를 알기 때문에 빛이 반사된 각도를 측정하면 빛의 속도를 알아낼 수 있다. 푸코가 측정한 빛의 속도는 298,005,000m/s였다. 1초에 지구 7바퀴 이상을 돌 수 있는 실로 엄청난 속도였다.

새로운 파동의 등장

그러던 어느 날 과학계에 이변이 일어난다. 과학은 이 시점부터 스펙터클해진다. 시작은 영국의 이론 물리학자 제임스 클러크 맥스웰부터다.

1831년 마이클 패러데이는 움직이는 자석이 전류를 만들어 낸다는 사실을 알아냈다. 어릴 적 수업 시간에 자석 주변 자기장 모습을 한 번쯤 그려봤을 것이다. 눈에 보이지 않는 전기와 자기 현상을 전기장과 자기장의 모습으로 실체화한 것은 패러데이의 아이디어다. 패러데이는 이것을 이용해 전자기 현상의 많은 비밀을 밝혀냈다.

하지만 패러데이는 자신의 이론을 수학적 언어로 기술화하는 데는 이르지 못했다. 패러데이의 방대한 실험 결과는 모두 장[field]이라 불리는 자신이 고안한 구불구불한 선으로 해석되었고, 과학자들은 이런 패러데이의 연구 결과를 점차 외면하기 시작했다. 그때 당시 누구보다 수학에 능통했던 젊은 이론 물리학자 제임스 클러크 맥스웰이 나선다.

맥스웰은 패러데이와 편지를 주고받으며 패러데이의 실험 결과를 수학적 언어로 다시 쓰기 시작한다. 맥스웰은 모든 전자기 현상을 단 4개의 방정식으로 깔끔하게 정리했다. 이것이 바로 뉴턴, 아인슈타인의 방정식과 비교해도 결코 뒤처지지 않는 맥스웰 방정식이다.

전자기파

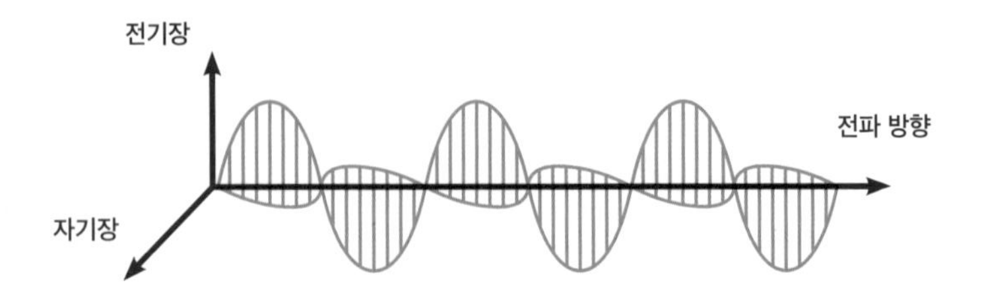

패러데이의 실험 결과가 뒷받침되고 수학으로 쓰인 맥스웰 방정식은 전자기 현상의 모든 비밀이 담겼다고 해도 과언이 아니었다. 이런 맥스웰 방정식에 따르면 전기와 자기는 서로 번갈아 가면서 나타나고 앞으로 나아간다. 전기가 나타나고 사라지면 자기가 나타났다 사라지고 그럼 다시 전기가 나타났다 사라지고, 마치 꽈배기처럼 서로 엎치락뒤치락 타고 넘으며 앞으로 전진했다. 맥스웰은 이것을 전자기파라 이름 붙였다. 새로운 파동의 등장이었다.

빛의 속도에도 매질도 있다?

맥스웰 방정식에는 전자기파의 속도가 담겨 있었다. 그런데 놀랍게도 이 속도가 푸코가 측정한 빛의 속도와 너무나도 똑같은 게 아닌가? 맥스웰은 전자기파가 빛이 틀림없다고 생각했다. 빛의 정체가 처음으로 밝혀진 순간이었다. 다른 과학자들도 이 사실에는 모두 동의했다. 빛은 전자기파다. 그런데 문제가 하나 있었다. 맥스웰 방정식이 예견하는 전자기파의 속력이 관찰자나 광원의 속력과 관계없이 항상 일정한 것이 아니겠는가? 이것은 실로 엄청난 문제이다.

기차길 건널목의 차단기가 내려간다. 시끄러운 기차 소리가 점점 커진다. 영희는 건널목에 서서 다가오는 기차를 바라본다. 그런데 이 기차는 조금 특이했다. 투명한 재질로 만들어져 밖에서 안을 환히 들여다볼 수 있었다. 달리는 기차 안, 철수가 야구공을 앞으로 던진다. 철수의 공은 매우 느렸지만 기차가 지나가는 순간 철수가 던진 공을 영희가 본다면 그 공은 코리안 특급 박찬호의 강속구보다 빠르다. 왜냐하면 그 공은 철수가 던진 공의 속도에 기차의 속도가 더해진 속도로 영희를 지나치기 때문이다. 만약 철수가 영희에게 공을 던졌다면 어떨까? 철수의 괴물 같은 송구에 영희는 부상을 입을 것이다. 다행히 공기저항이 큰 참사는 막아주겠지만 말이다.

그런데 만약 철수의 공을 빛으로 바꾼다면 어떨까? 맥스웰 방정식은 빛의 속도가 광원이나 관찰자의 속력과 상관없이 항상 일정하다고 했다. 기차 안에서 철수가 손전등을 켠다. 손전등에서 빛이 299,792,458m/s의 속력으로 전진한다. 이 빛을 기차 밖의 영희가 관찰한다면 야구공의 경우처럼 빛의 속력 더하기 기차의 속력이 되어야 할 것이다. 하지만 맥스웰 방정식은 영희에게도 빛의 속력은 여전히 299,792,458m/s라고 말하고 있다. 기차의 속력이 빛의 속력에 비해 너무 느려서 그런 것일까? 아니다. 만약 기차가 SF 만화에 등장하는 엄청나게 빠른 속력, 가령 100,000,000m/s이라 하더라도 영희에게 빛의 속력은 여전히 299,792,458m/s라는 것이다.

과학자들은 맥스웰 방정식의 이상한 결과를 빠져나가기 위해 빛이 전달되는 매질을 떠올렸다. 파동은 매질을 통해 전달된다. 예를 들어 소리는 공기를 통해 전파된다. 물론 액체나 고체를 통해서도 전파될 수 있지만 공기를 예로 들어 보겠다. 철수와 영희가 340m 떨어진 계곡의 양 끝에 서 있고 철수가 외친다.

"영희야 사랑해!"

바람이 불지 않고 둘 사이의 공기가 멈춰 있다면 철수의 사랑 고백은 영희에게 1초 후에 도착한다. 왜냐하면 소리의 속도가 대략 340m/s이기 때문이다. 그런데 이 속도는 매질인 공기에 대한 속도이다. 만약 소리의 매질인 공기가 영희 쪽으로 움직이고 있다면 사랑 고백은 공기를 타고 1초보다 더 빨리 도착한다. 빛도 파동이기 때문에 다른 파동처럼 매질을 통해 전달될 것이다. 그래서 과학자들은 맥스웰 방정식이 말하는 빛의 속도가 매질에 대한 속도라고 판단했다.

그런데 이 매질은 공기는 아니었다. 물도 아니었다. 그렇다고 딱딱한 고체도 아니었다. 눈에 보이지 않았고 느낄 수 없었다.

우리가 아는 물질 중에는 없었다. 하지만 빛은 온 세상을 통과하고 심지어 우주를 자유자재로 누볐다. 그래서 눈에 보이지 않는 이 매질은 온 우주에 존재해야 했다. 과학자들은 이 매질을 '에테르'라고 불렀다.

에테르를 찾아서

그때부터 에테르를 찾기 위한 여정이 시작됐다. 에테르를 찾는 가장 유명한 실험은 1887년 미국의 과학자 앨버트 마이컬슨과 에드워드 몰리가 수행한 마이컬슨-몰리 실험이다. 둘은 마이컬슨 간섭계를 통해 에테르의 존재를 증명하려 했다. 실험 방법은 이러했다.

먼저 레이저에서 빛을 방출한다. 레이저에서 나온 빛은 빔가르개라는 장치에서 두 갈래로 갈라진다. 하나는 그대로 직진하고, 다른 하나는 90도의 방향으로 꺾여서 진행한다. 갈라져서 진행한 빛은 각각의 경로에 설치된 반사경에서 180도 반사되어 빔가르개로 돌아온다. 빔가르개는 빛을 다시 하나의 감지기로 보낸다.

복잡해 보이지만 원리는 간단하다. 레이저에서 방출된 빛은 갈라져서 감지기에 도달할 때까지 똑같은 거리를 이동한다. 하지만 하나의 빛은 지구 자전방향과 평행한 방향으로 이동했고

마이컬슨 간섭계

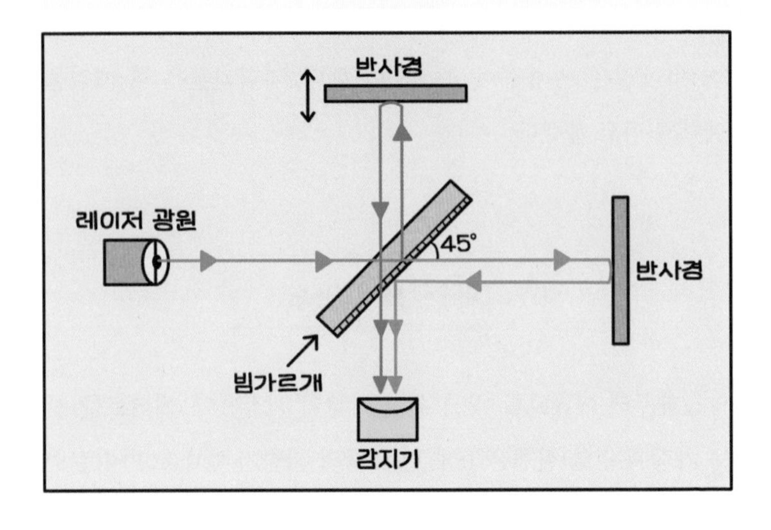

다른 하나의 빛은 수직 방향으로 이동했다. 에테르는 온 우주에 퍼져 있으므로 지구 역시 에테르 안에서 자전한다. 빛이 에테르를 통해 전달된다면 마이컬슨 간섭계에서 빛이 지구 자전 방향에 수평으로 이동하는 방향과 수직으로 이동하는 방향 사이에 이동 거리 차이가 생겨야 한다.

에테르가 물이라고 가정하고 물이 든 수조 안에 커다란 지구 모형이 자전하고 있다고 생각해보자. 물을 통해 이동하는 잠수함 장난감이 지구 모형 위의 두 지점을 이동한다. 한 번은 수평 방향으로 떨어진 두 지점, 다른 한 번은 수직 방향으로 떨어진 두 지점을 이동한다. 두 지점 사이 거리가 수평 방향, 수직 방향

상관없이 똑같더라도 잠수함 장난감이 이동하는 시간은 다르다. 잠수함이 이동하는 동안 물속에서 지구가 자전하기 때문이다. 마찬가지로 빛의 매질 에테르가 존재한다면 빛이 감지기에 도달하는 시간이 경로에 따라 서로 달라야 한다. 그렇다면 감지기에는 간섭무늬가 나타나게 된다.*

마이컬슨은 1871년 독자적으로 실험을 수행하고 더 정확한 정밀도를 위해 몰리와 손을 잡았다. 막대한 자금이 들어갔고 실험에 몰두한 마이컬슨은 신경쇠약에 걸릴 정도였다. 결과는 어땠을까? 실험은 결국 대실패로 끝났다. 두 빛이 도달한 시간에는 차이가 없었다. 하지만 마이컬슨과 몰리는 대실패한 이 실험으로 유명해진다. 이 실험은 에테르의 존재를 증명하려 했지만 '빛의 매질은 없다'는 결론을 이끌었다. 따라서 빛의 속력은 항상 일정하다. '광속 불변의 원리'. 19세기 최고의 발견이 완성된 것이다. 이 실험은 역사상 가장 중요한 실패 실험으로 기록된다. 결국 마이컬슨과 몰리는 이 공로로 1907년 노벨 물리학상을 수상한다.

하지만 과학계는 혼돈에 휩싸였다. 빛의 속도가 항상 일정하다는 것을 어떻게 받아들여야 한단 말인가? 만약 빛의 속도보다 아주 약간 느린 로켓이 있다. 당신이 이 로켓을 타고 지구를 빠져나간다. 이때 내가 레이저 빛을 발사한다. 내가 보았을 때

* 실제 마이컬슨 간섭계에선 빛이 동일한 거리를 이동하지 않는다. 그래서 빛이 이동한 두 거리의 경로 차를 계산하고 에테르에 의한 간섭무늬 변화를 측정한다.

로켓보다 아주 약간만 빠른 빛은 천천히 로켓을 따라잡을 것이다. 하지만 로켓에 탄 당신에게 빛의 속도는 여전히 30만km/s이므로 순식간에 당신을 따라잡을 것이다. 이것을 어떻게 받아들여야 할까?

당신이 알던 세계가 가짜라면

과학자들은 우리 세상의 법칙을 처음부터 다시 써야 될지도 모른다고 생각했다. 또는 어쩌면 우주는 제멋대로이고 법칙 따윈 없을지도 모른다고 생각했다. 땅으로 떨어지는 사과가 언젠가는 하늘로 떨어질지도 모른다. 우주 어딘가에선 앞으로 던진 공이 뒤로 날아갈지도 모른다. 보편적 법칙 따윈 없다. 혼돈의 시기였다. 이때 한 명의 과학자가 혜성처럼 등장한다. 역사상 가장 위대했던 물리학자 아인슈타인이다.

아인슈타인 빛의 속도가 항상 일정하다는 것을 인정하면서도 우리 세계의 물리 규칙들이 계속 유효하도록 하는 쉬운 방법이 있습니다.

사람들 그런 방법이 있습니까?

아인슈타인 서로의 시간과 공간이 똑같다는 환상을 버리는 것입니다.

물론 이것은 실제 대화가 아니다. 하지만 아인슈타인의 1905년 논문 〈운동하는 물체의 전기역학에 대하여〉에 포함된 특수 상대성 이론에는 이와 같은 아인슈타인의 대담한 주장이 담겨 있다. 아인슈타인은 어째서 시간과 공간이 서로에게 다르다고 한 것일까?

당신이 상대성 이론을 이해한다면 세상의 진짜 모습에 충격을 받을지 모른다. 이것은 지구가 둥글다는 사실을 처음 알게 된 고대인의 충격보다 신선하다. 상대성 이론을 이해하는 것은 어렵다. 하지만 지금부터 상대성 이론이 그리는 세계를 여러분에게 보여주려 한다. 이 세계는 진짜이고, 당신이 알던 세계는 가짜다. 지금부터 이 진짜 세계를 이해하기 위한 여정을 시작해 보자.

우리의 시간은 함께 흐르지 않는다

광속 불변의 원리에 쐐기를 박은 검증은 유럽입자물리연구소가 1964년에 실시한 실험이다. 중성 파이온이라는 입자는 불안정해서 금방 2개의 감마선으로 붕괴된다. 여기서 감마선은 에너지가 높은 빛의 한 종류다. 유럽입자물리연구소는 입자 가속기에서 빛의 속도에 0.99975배로 움직이는 파이온 다발을 만들었다. 그리고 빠르게 움직이는 파이온이 붕괴되면서 방출되는 빛의 속도를 측정했다. 놀랍게도 빛의 속도는 그대로였다. 정지한 파이온이 붕괴될 때 방출하는 빛의 속도와 차이가 없었다. 광속 불변은 이제 우주의 근본 원리로 자리 잡았다.

'빛의 속도는 299,792,458m/s로 항상 일정하다.'

아인슈타인도 바로 여기서부터 세상을 이해하는 새로운 방정식을 써내려갔다. 우리도 여기서부터 출발해본다.

기차 안에 있는 사람, 기차 밖에 있는 사람

기차를 하나 상상해보자. 이 기차는 빛보다 약간 느리다. 기차는 밖에서 안이 훤히 들여다보이는 투명한 재질로 이루어졌다. 하지만 안에서는 밖이 전혀 보이지 않는다. 기차의 높이는 빛이 1초 동안 이동하는 거리인 299,792,458m이다. 기차의 길이는 중요하지 않다. 그냥 매우 길다고 치자. 기차는 일정한 속도로만 움직이고 가속하지 않는다. 당신은 이 기차에서 태어나고 자랐다. 당신에게는 기차 안이 세상의 전부다. 당신에게 바깥 세계란 없다. 당신은 자신의 세계가 움직이고 있다고 생각하지 못한다.

그러던 어느 날 당신은 기차의 높이가 궁금해졌다. 그래서 천장에 빛을 쏘고 반사되는 시간을 측정해 높이를 알아보려 한다. 당신이 발사한 빛은 2초가 지나서 돌아왔다. 기차의 높이가 빛이 1초 동안 이동하는 거리였으니 당연한 결과다.

이제 이것을 기차 밖에서 당신을 보고 있는 나의 관점에서 해석해보자. 당신의 기차는 나에겐 엄청 빠른 속도로 움직인다. 어느 날 당신이 기차의 천장으로 빛을 쏜다. 광속 불변의 원리에 따라 이 빛은 나에게도 299,792,458m/s의 속력으로 움직인다. 빛이 천장에 반사되어 당신에게 돌아왔을 때 내가 보는 빛의 이동거리는 당신이 본 이동거리와 다르다. 빛이 천장으로 향하는 동안 기차가 이동했기 때문에 빛은 제자리에서 위아래로 왕복한 것이 아니라 앞으로 진행하면서 천장에 부딪치고 돌아왔다. 대각선으로 이동한 것이다.

기차 안 빛의 이동경로

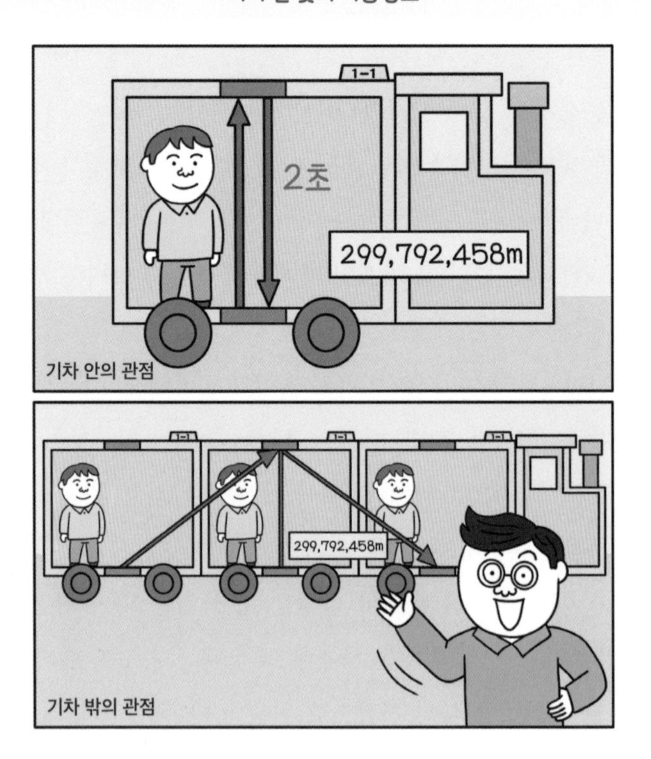

기차와 함께 앞으로 이동하는 당신의 궤적, 대각선으로 천장에 부딪쳐 반사되는 빛의 궤적을 합하면 삼각형이 된다. 빛은 대각선으로 이동했기 때문에 천장에 부딪칠 때까지 기차의 높이인 299,792,458m보다 더 이동했다. 즉, 천장에 부딪치는 데 1초보다 더 걸리고 돌아오는 데도 1초보다 더 걸린다. 이 시간은 기차의 속도에 따라 달라진다. 간단하게 총 4초가 걸렸다고 가정하자. 천장에 도착하는 데 2초, 바닥으로 돌아오는 데 2초가 걸린 것이다. 이것은 빛이 당신에게 출발해서 당신에게 돌아온 사건이다. 하지만 이것은 당신에겐 2초가 걸렸고 나에겐 4초가 걸렸다.

광속 불변의 원리는 사실이니 빛의 속력은 우리 둘에게 똑같다. 그렇다면 아인슈타인과 우리가 내릴 수 있는 결론은 하나다. 나와 당신의 시간이 서로 다른 것이다. 나의 4초가 당신의 2초와 같다. 당신의 시간은 나의 시간보다 2배나 팽창해 있다. 당신의 세계에서 동전이 바닥으로 1초 동안 떨어졌다면 나는 그것이 2초 동안 떨어졌다고 생각할 것이다. 내가 만약 당신의 세계를 실시간으로 볼 수 있다면 동전은 슬로 모션을 재생한 듯 굉장히 천천히 바닥으로 떨어질 것이다. 하지만 당신이 느끼기에 동전은 여전히 그냥 바닥으로 1초 만에 떨어진다.

이것이 아인슈타인 특수 상대성 이론의 시간 팽창이다. 우리는 서로의 시간이 항상 똑같이 흘러간다고 생각했다. '모두의 시계는 똑같이 돌아가지 않는다'는 명언이 시간을 낭비하지 말라는 뜻인 줄만 알았지 설마 서로의 시간이 진짜로 다르게 흘러갔을 줄은 상상도 하지 못했다. 그런데 이상한 점은 왜 인류가 살아온 몇 천 년 동안 서로의 시간이 다르다는 사실을 한 번도 인식하지 못했느냐는 점이다. 우리 주변에 닥터 스트레인지•를 제외하고 시간이 느려지는 사람이 있는가? 움직이는 물체의 시간은 정말 느려지는 걸까? 그렇다면 우리는 왜 느끼지 못했을까?

아인슈타인의 계산에 따르면 움직이는 물체의 시간은 시간 팽창 공식만큼 팽창한다.

$$t = \frac{1}{\sqrt{1-\left(\frac{v}{c}\right)^2}} t_0$$

정말 어마 무시한 공식이다. 이제 이것을 우리말로 풀어 써보자.

시간은 움직이는 물체의 속력이 빠를수록 더 많이 팽창한다.

• 마블 시네마틱 유니버스에 등장하는 슈퍼히어로로 시간 조종 마법사이다.

그럼 이게 어느 정도인지 궁금할 것이다. 지구에서 가장 빠른 속력을 낼 수 있는 동물은 송골매다. 송골매는 먹이를 잡으러 하강할 때 무려 시속 386km의 속력을 낸다. 이때 송골매의 시간은 정지한 사람이 봤을 때 1.00000000000006배만큼 팽창한다. 입력하다 0의 개수를 실수했을지도 모르겠다. 그렇지만 상관없다. 어차피 의미 없지 않은가? 이 정도면 시간은 그냥 똑같다고 봐야 한다.

좀 더 빠른 물체와 비교해보자. 2045년 독일에서는 무려 초속 7km의 속력을 지닌 극초음속 항공기 스페이스 라이너가 개발될 예정이다. 이를 이용할 수 있다면 유럽에서 호주까지 90분이면 도착한다. 대륙 간 이동이 우리의 출퇴근 시간보다 빨라지는 것이다. 사실 스페이스 라이너는 항공기보다는 미사일에 가깝다. 이는 로켓 엔진을 이용해 비행선을 우주로 발사하고 최종 목적지까지 하강하도록 설계되었다. 이 비행기가 최고 속력 7km/s에 있을 때 시간은 1.000000002726배만큼 팽창한다. 그래도 아까보단 0의 개수가 조금 준 것 같다. 이 정도면 아마 이런 생각이 들 법도 하다.

'이 정도의 시간 팽창이 의미가 있는 거야?'

하지만 물체의 속력이 빛의 속력과 가까워질수록 시간은 점점 더 많이 팽창한다. 만약 빛의 속력과 똑같아지면 시간은 무한히 팽창하게 된다. 물론 질량을 가진 물체는 절대 빛의 속력과 똑같아질 수 없다. 그런데 우리 주변 물체의 시간 팽창이 이렇게 미미한데 상대성 이론 시간 팽창을 검증할 수 있었을까? 시간이 팽창하는 믿을 수 없는 현상이 정말 사실일까?

우주에서 오는 고에너지 빛이 우리 대기와 충돌하면 가끔 뮤온이라는 입자가 생긴다. 뮤온 입자의 속력은 광속의 0.998배 정도로 매우 빠르다. 수십 킬로미터 상공에서 생긴 뮤온은 지상의 안개상자를 통해 쉽게 검출할 수 있다. 그런데 이것은 매우 희한한 일이다. 뮤온은 붕괴 시간이 매우 짧다. 겨우 2.2마이크로초 정도다. 이는 1초를 50만 등분한 정도의 시간이다. 뮤온이 아무리 빠르더라도 이 시간이면 660m밖에 이동하지 못한다. 그런데 어떻게 뮤온은 붕괴되지 않고 수십 킬로미터를 이동해 지상의 안개상자에 도착했을까?

그것은 뮤온의 시간이 팽창했기 때문이다. 상대성 이론에 따르면 뮤온의 시간은 지상의 우리에 비해 16배 팽창한다. 뮤온의 1초가 우리에겐 16초인 것이다. 그래서 뮤온의 2.2마이크로초는 우리에겐 35마이크로초가 되니 뮤온은 지상까지 도달할 수 있는 것이다. 실제로 1976년 유럽입자물리학연구소는 입자 가속기를 통해 광속의 0.9994배로 움직이는 뮤온을 만들고 수명을 측정했다. 측정된 뮤온의 수명은 상대성 이론이 예측한 팽창 시간과 오차 범위 안에서 일치했다. 뮤온의 사례가 너무 작은 세계라 실감이 나지 않는다면 우리가 사는 거시적 세계에서 시간 팽창을 검증한 사례들도 있다.

시간 팽창의 사례들

1971년 리처드 키팅과 조지프 하펠은 4개의 세슘 원자 시계를 비행기에 싣고 두 번의 세계 일주를 했다. 여행을 마친 뒤 지상에 보관했던 4개의 세슘 원자 시계와 비교해보니 비행기에 탑승한 시계가 10억 분의 59초 느렸다. 이것은 상대성 이론의 예측과 10%의 오차 안에서 일치한 결과였다. 여기에는 일반상대성 이론의 시간 지연도 함께 포함되었다. 몇 년 후 메릴랜드 대학 물리학자들은 좀 더 정확하게 비슷한 실험을 진행했다. 그들은 1% 이하의 오차로 시간 팽창을 검증했다.

또한 시간 팽창은 오늘날 우리에게 매우 필수적으로 사용되고 있다. 당신의 스마트폰이나 자동차 내비게이션은 GPS 위성과 신호를 주고받아 당신의 현재 위치를 알려준다. GPS 위성에는 원자 시계가 10억 분의 1초 이내로 정확도를 유지하고 있다. 이 이상 정확도를 유지하지 않으면 GPS는 당신의 위치를 매우 부정확하게 측정하게 된다. 그런데 GPS 위성은 시속 1만 4천km의 속력으로 지구 주위를 돈다. 그래서 GPS 위성은 지상의 시계보다 하루에 100만 분의 7초씩 느려진다. 또 아직 일반상대성 이론을 이야기하진 않았지만 중력에 의해 100만 분의 45초씩 빨라진다. 그래서 GPS 위성의 원자 시계는 매일 100만 분의 38초만큼 지상의 시계와 시간 차이가 난다. 이것을 보정하지 않으면 GPS의 기능이 쓸모없어지기 때문에 매일매일 시간을 보정해주는 기능이 존재한다.

믿어지지 않겠지만 시간 팽창은 사실이다. 우리는 실제로 시간 팽창을 이용해 우리 세계를 해석하고 예측하고 있다. 그런데 시간 팽창을 사실이라고 인정한다면 다음의 몇 가지 이해되지 않는 상황과 마주하게 된다.

공간은 수축한다고요?

지구로부터 25광년 떨어진 베가 항성은 밤하늘에서 다섯 번째로 밝은 별이다. 베가 항성 주변에는 지구와 비슷한 행성이 존재할 가능성이 높다. 당신이 미래 로켓을 타고 베가 항성 탐험 여행에 나선다고 해보자. 미래 로켓은 광속의 0.99배로 날아갈 수 있다고 상상한다. 나는 지구에서 당신의 무사 귀환을 기원하고 있다. 로켓이 출발하고 도착할 때 일어나는 가속과 감속을 생각하지 않고 베가 항성이 지구에게 정지해 있다고 가정한다면 당신이 베가 항성에 도착하는 데 대략 25년이 걸린다. 물론 이것은 지구의 내가 측정한 시간이다. 빠르게 이동하는 당신의 시간으로는 3년 6개월 정도가 흐른다. 그런데 조금 이상하지 않은가?

당신과 나의 상대 속력은 로켓의 속력이다. 나는 당신이 광속의 0.99배로 베가 항성을 향하고 있다고 생각한다. 광속은 과학에서 c라고 표현하니 이 속력을 이제부터 0.99c라고 하자. 나의 생각과는 반대로 당신은 우주 공간에서 자신이 정지해 있다고 생각한다. 그래서 내가 0.99c의 속력으로 멀어지고 베가 항성이 0.99c의 속력으로 가까워진다고 생각한다. 그런데 당신의 입장에서 베가 항성은 어떻게 3년 6개월 만에 도착한 걸까? 당신 역시 25광년 떨어진 베가 항성이 0.99c의 속력으로 가까워진다고 생각했는데 말이다.

이 역설적 상황에서 탈출하기 위해서는 우리가 기존에 지니고 있던 관념을 또 하나 떨쳐버려야 한다. 그것은 공간의 길이가 일정하다는 것이다. 움직이는 물체, 움직이는 공간은 수축한다. 매우 빠르게 움직이는 당신의 로켓은 정지해 있을 때 모습과 다르다. 지상의 내가 보았을 때 로켓은 움직이는 방향으로 매우 납작하게 수축되어 있다. 기다란 연필 같던 로켓이 아주 짧은 몽당연필이 되는 것이다. 하지만 당신은 본인이 움직인다고 생각하지 않는다. 당신에게 로켓은 기다란 연필 그대로이다. 당신에게 움직이는 것은 나와 베가 항성, 그리고 나머지 공간이다. 그래서 당신에게는 지구와 베가 항성 사이의 공간이 매우 짧아지게 된다. 25광년이었던 거리는 3.5광년의 거리로 줄어든다. 당신에게는 베가 항성이 0.99c의 속력으로 3.5광년의 거리를 날아온 것이다. 그래서 당신이 베가 항성에 도착했을 때 지구의 나는 25년이 지나지만 당신은 겨우 3년 6개월만 지날 뿐이다.

우리가 기존 관념만 내려놓을 수 있다면 지금까지의 상대성 이론은 매우 친절해 보인다. 하지만 지금 들려줄 한 가지 이야기는 당신을 분명 상대성 이론의 거친 폭풍 속으로 몰아넣을 것이다.

쌍둥이 역설

당신과 내가 헤어지는 아까의 상황으로 돌아간다. 이번에 당신과 나는 쌍둥이다. 당신은 똑같이 베가 항성의 왕복 여행을 나선다. 감가속을 고려하지 않는다면 지구의 나에겐 당신이 베가 항성에 도착하는 데 25년, 지구로 돌아오는 데 25년, 총 50년이 흐른다. 하지만 움직이는 당신의 시간은 팽창한다. 당신은 가는 데 3년 6개월, 오는 데 3년 6개월, 총 7년이 지난다. 난 이제 백발이 성성한 노인이 되었을 테고 당신은 아직 젊다. 그런데 왜 꼭 당신이 움직인다고 생각해야 하는가? 당신의 입장에서 당신은 움직이지 않는다. 만약 당신이 기차를 타고 있다면 움직이는 것은 기차인가? 아니면 땅인가?

'당연히 기차가 움직이고 땅이 정지한 거지!'라고 생각한다면 기차에서 내려보자. 이제 당신은 땅에 서 있다. 그럼 정지해 있는가? 하지만 당신이 서 있는 지구는 태양 주위를 공전한다. 그럼 이번에는 지구에서 내려보자. 이제 당신은 정지해 있고 지구는 움직이는가? 그런데 아마 당신과 함께 지구를 탈출해 옆에 떠다니는 친구가 있다면 이렇게 말할 것이다.

"무슨 소리야! 너 지금 움직이는데? 내가 정지해 있지."

만약 지구의 내가 우주에 떠 있는 둘을 본다면 당신과 친구가 엄청 빠르게 움직이고 있다고 생각할 것이다. 모두가 옳다. 우주에 움직임의 기준이 되어야 하는 곳은 없다. 우주의 법칙은 내가 정지했다고 생각하나 당신이 정지했다고 생각하나 모두 똑같이 작동한다. 사실은 이것이 상대성 이론의 핵심 원리인 상대성 원리다.

상대성 원리에 근거한다면 당신에게 당신과 로켓은 가만히 있다. 당신에게 움직이는 것은 나이다. 움직임의 기준이 지구의 내가 될 필요는 어디에도 없다. 당신이 움직이는 건지 아니면 지구와 내가 움직이는 건지 판단할 심판은 우주에 없다. 이것은 모두 옳다. 나에겐 당신이 움직이고 있고 당신에겐 내가 움직이는 것이다. 당신에게 나는 지구와 함께 매우 멀리 멀어졌다 다시 돌아온다. 그럼 당신의 관점에선 내가 0.99c의 속력으로 움직이기 때문에 나의 시간이 팽창한다. 당신에겐 나의 시간이 팽창했고 나에겐 당신의 시간이 팽창했다. 누가 옳은가? 만약 지구에서 우리 둘이 다시 만난다면 과연 누가 늙었고 누가 젊을까? 이것이 바로 상대성 이론의 지독한 역설인 쌍둥이 역설이다.

지구의 내가 보는 당신의 여행과 당신이 보는 나의 여행이

각자 자기 자신의 관점에서 본다면 서로 완전히 대칭되지 않는가? 누구의 관점이 옳다고 정의할 수 있는가?

우리의 이런 혼란은 아직 우리가 버리지 못한 한 가지 관념 때문이다. 그것은 시간과 공간이 서로 분리되어 있다고 생각하는 것이다. 우리 세계의 온전한 모습을 발견하기 위해선 이제 시간과 공간이 결합된 시공간을 이해해야 한다.*

* 쌍둥이 역설에 대한 해결은 이 책에서 설명하지 않는다. 궁금하신 독자는 다음에 나오는 시공간에 대한 내용을 이해한 다음 〈이과형〉 유튜브 채널의 '당신이 쌍둥이 역설을 해결할 수 있는 진짜 유일한 영상!'을 참고하길 바란다.

시간과 공간을 넘어 시공간으로

고인돌처럼 한쪽으로만 긴 돌덩이가 바닥에 놓여 있다. 그리고 돌덩이를 둘러싼 많은 사람들이 있다. 보는 사람의 방향에 따라 누군가는 돌덩이가 앞으로 길다고 생각할 테고 누군가는 옆으로 길다고 생각할 테다. 하지만 이것은 전혀 이상하지 않다. 우리가 동일한 공간에서 자신만의 기준축을 그어 돌덩이의 가로와 세로를 각각 다르게 해석한 것뿐이다. 보는 방향을 회전해서 돌덩이의 가로와 세로를 바꾼다고 해도 돌덩이의 길이는 항상 똑같다. 돌덩이가 똑같은 돌덩이라는 본질은 변하지 않는 것이다. 우리는 공간에서 똑같은 사실을 공유하기에 같은 공간에 존재한다고 할 수 있다. 그런데 고인돌을 둘러싼 사람 중 누군가가 외친다.

돌덩이와 좌표계

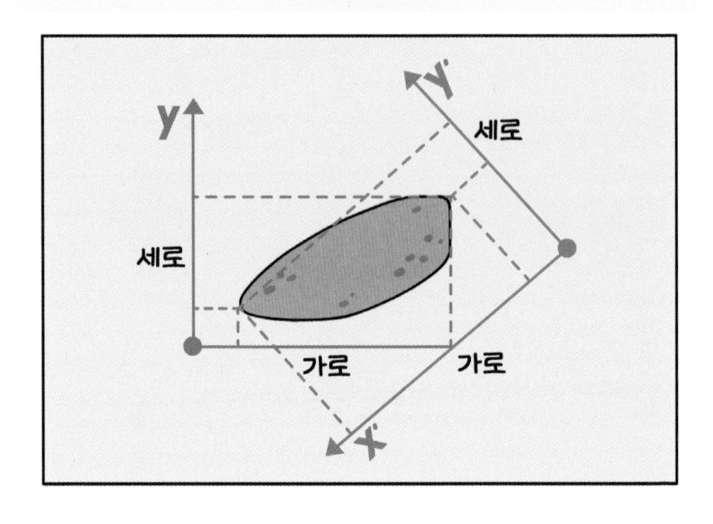

"저 돌덩이가 똑같은 돌덩이라는 것은 착각이야. 우리는 서로 다른 세상에 살면서 착각하는 거라고!"

아마 대부분의 사람은 이 친구의 말에 귀 기울이지 않을 것이다. 하지만 이 친구가 상대성 이론을 공부한 친구다. 이 친구의 이름을 타인이라고 하자. 타인이는 상대적으로 운동하는 사람에게 돌덩이의 길이가 같지 않다는 것을 보였다. 돌덩이의 길이는 서로에게 달랐다. 공간을 서로 다르게 해석해도 변하지 않는 본질이라고 생각한 것이 사라졌다. 모두 똑같이 공유했던 사실이 없어진 것이다. 공간 속에 서로에게 똑같은 사실은 없다. 더 이상 우리는 같은 공간에 있다고 말할 수 없게 된 것이다. 타인이는 더 나아가 시간도 서로에게 다르게 흐른다는 것을 보였다.

'우리가 정말 다른 세상에 사는 걸까?'

지금까지 살펴본 상대성 이론의 모든 결과는 우리가 서로 다른 세상에 살고 있다는 사실을 가리킨다. 쌍둥이 역설을 보더라도 서로 다른 세상이 아니라면 도무지 납득할 수 없는 결과다. 하지만 우리가 같은 세상에 산다는 것은 틀림없는 사실이다. 당신과 내가 맞잡은 손이 이토록 따뜻한데 가짜일 리 없지 않은가? 그렇다면 우리가 서로 똑같이 공유하고 있는 본질은 무엇일까? 무엇이 우리를 같은 세상에 살고 있는 것으로 만들어줄까? 이 해답은 헤르만 민코프스키와 헨드릭 안톤 로런츠에 의해 찾아진다. 그것은 바로 '시공간'이었다.

아인슈타인 이전의 생각부터 출발해보자. 우리는 3차원 공간 안에 존재한다. 공간에서 우리가 물체의 위치를 정하려 할 때 우리는 기준축을 정한다. x축(가로), y축(세로), z축(높이) 이렇게 세 가지 차원의 수직한 축만 있으면 공간의 모든 위치를 결정할 수 있다. 그래서 우리 세계를 3차원 세상이라고 한다. 3차원 안에서 우리의 방향, 위치에 따라 각자가 세상을 해석하는 기준축은 얼마든지 달라질 수 있다. 사과나무의 사과는 누군가에겐 (2,

3차원 공간의 사과나무

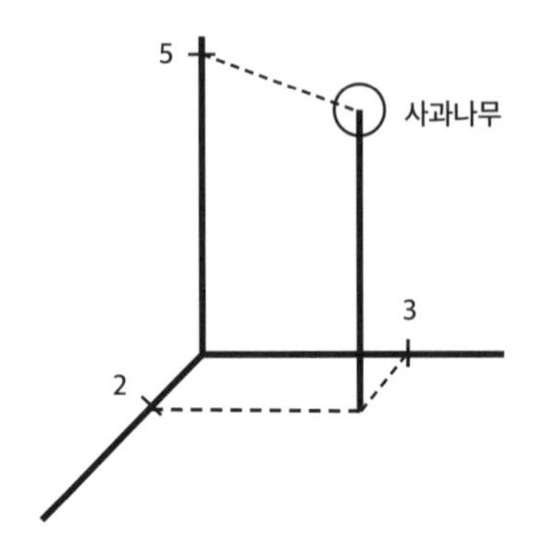

3, 5)[•]의 위치에 있고 누군가에겐 (-2, 5, 8)의 위치에 있다.

서로 다른 (x, y, z) 좌표를 가졌지만 전혀 이상하지 않다. 보는 기준이 바뀌었을 뿐 우리가 존재하는 공간은 똑같고 사과나무의 본질이 바뀐 것은 아니기 때문이다. 기준에 따라 사과의 위치가 달라진 것과는 다르게 시간은 누구에게나 똑같았다. 사과의 위치는 서로 다른 좌표축을 기준으로 다르게 해석하더라도 시간은 절대적으로 똑같은 시계를 사용한 것이다. 하지만 아인슈타인의 상대성 이론은 모두가 똑같이 바라보는 시계가 환상이라 말한다. 시계는 각자의 손목에 존재한다. 그리고 손목 시계는 각자 다르게 돌아가고 있다.

• 3차원 좌표계 (x축 좌표, y축 좌표, z축좌표)

4차원 시공간

시간이 서로 다르다는 상대성 이론의 결과는 놀라웠지만 그래도 아직까지 공간과 시간은 다른 개념이었다. 공간은 (x, y, z)의 3가지 축으로 결정되었고 시간은 시계*로 결정되는 서로 독립적인 것이었다. 둘 사이의 연결고리는 전혀 없었다. 우리가 방향을 돌렸을 때 (x, y, z)의 크기는 달라지지만 시간이 달라지진 않는다. 하지만 민코프스키의 생각은 달랐다. 그는 공간과 시간이 독립적이지 않고 서로 얽혀 있는 것으로 생각했다. x축, y축, z축으로 이루어진 3개의 차원에 하나의 차원이 새롭게 들어간다. 시간(t) 차원이다. x축, y축, z축, t축으로 이루어진 세상, 이것이 바로 민코프스키 4차원 시공간이다.

4차원 시공간에서 시간은 공간과 다르지 않다. 기존의 x축, y축, z축이 하던 역할을 똑같이 맡는다. x축, y축, z축이 서로 수직을 이루며 공간 속의 위치를 결정했던 것처럼 t축 역시 다른 세 개의 축과 수직을 이루며 4차원 시공간의 위치와 시간을 결정한다. 하지만 3차원 세계인 우리 세상에서 x축, y축, z축에 수직인 t축을 생각하긴 어렵다. 이것은 당연하다. 3차원 세계에 4차원을 표현할 수는 없다. 하지만 수학을 이용하면 우리는 3차

* 시간이 시계로 결정된다는 것은 공간과는 다르다는 것을 말하기 위한 비유적 표현이다. 시간은 어떤 주기적 운동을 하는 물체의 간격으로 말할 수 있다. 하지만 시간의 진정한 본질은 아직 아무도 대답하지 못한다.

원을 넘어선 무한한 차원도 상상 가능하다. 하지만 우리가 수학 없이 시공간을 보기 위해서는 조금의 편법을 사용해야 한다.

3개의 공간 차원 중 2개의 차원을 줄인다. 한쪽 방향으로만 움직일 수 있는 공간이다. 가느다란 줄 위를 기어가는 개미를 상상해볼 수 있다. 여기에 시간 차원을 결합해 2차원 시공간을 만든다. 당신의 눈앞에 아무것도 그려지지 않은 텅 빈 도화지가 펼쳐져 있다. 이것을 시공간이라 하자. 공간 차원 2개는 숨겨져 있다. 도화지에 까만 점이 하나 찍힌다. 시공간의 점은 사건이라 불린다. 시공간의 사건은 위치와 시간의 정보가 담겨 있다. 이 사건은 줄 위의 개미가 집을 떠난 순간이다.

공간에서 공간을 보는 자신만의 기준축을 가졌듯 우리는 이제 시공간을 보는 자신만의 기준축을 그릴 수 있다. 다만 한 축은 공간을 나타내고 수직한 다른 축은 시간을 나타내야 한다. 공간의 기준축이 이동했듯 시공간의 기준축도 시공간 내에서 이동할 수 있다. 공간의 기준축이 방향에 따라 회전한 것처럼 시공간의 기준축도 회전한다. 하지만 시공간 기준축의 회전은 상대 속도에 의해 발생한다. 서로 일정한 상대 속도로 움직이는 두 개미는 서로의 기준축이 회전하게 된다.

시공간 속에서 상대적으로 운동하는 사람은 각자 자신의 기준축으로 사건을 해석하게 된다. 사건의 위치와 시간이 서로 다르다. 이것은 공간 속 사과의 위치를 우리가 서로 다르게 해석한 것과 같다. 하지만 사건이 발생했다는 본질은 바뀌지 않는

시공간 기준축의 회전과 사건의 간격

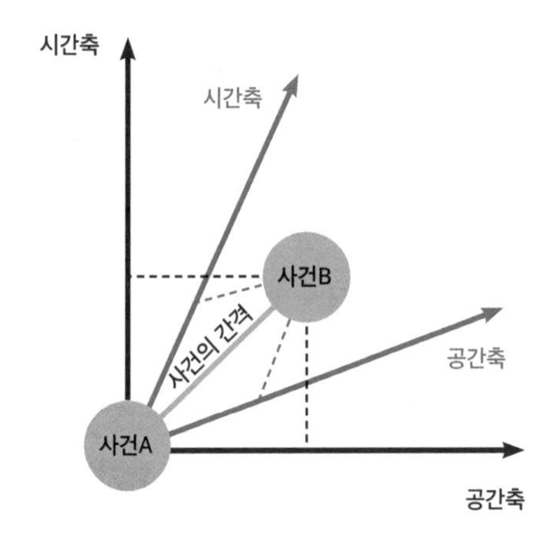

다. 시공간에 또 다른 사건이 찍혔다고 해보자. 이번에는 개미가 친구 집에 도착한 사건이다. 시공간 위에 찍힌 두 사건을 직선으로 이어보자. 이 직선의 길이를 시공간 사건의 간격이라고 한다. 공간에서 각자의 기준축이 달라도 돌덩이의 길이는 모두 똑같았다. 마찬가지로 시공간 사건의 간격은 시공간을 어떤 기준축으로 보더라도 똑같다. 이건 시공간에 존재하는 모두에게 똑같다.

우리가 공간에서 돌덩이의 가로와 세로를 서로 다르게 보았지만 전혀 이상하게 생각하지 않았던 것은 돌덩이의 길이와 같은 본질이 변하지 않았기 때문이다. 그래서 우리가 같은 공간에 산다는 사실은 자명했다. 하지만 상대성 이론의 탄생으로 돌덩이의 길이가 서로 다르다는 사실, 시간이 서로 다르다는 사실이 밝혀지면서 각자의 관점으로 봐도 변하지 않던 본질이 사라졌다. 모든 것은 각자의 관점으로 해석되었고 상대적이었다. 무엇 하나 똑같이 공유하지 않는 우리는 서로 다른 세상에 산다고 말해야 했다. 하지만 우리가 시간과 공간이 분리된 것이 아닌 하나로 결합된 시공간에 산다면 우리는 시공간의 사건을 공유할 수 있다. 사건이 발생한 위치와 시간은 각자의 기준에 따라 다르지만 기준이 바뀌었을 뿐 사건의 본질은 변하지 않는다. 돌덩이의 길이가 항상 일정했던 것처럼 시공간 간격은 기준을 바꿔도 변하지 않는다. 그렇다면 서로가 시간과 공간을 다르게 보는 것은 전혀 이상한 게 아니다. 돌덩이의 가로와 세로를 서로 다르게 보고 이상하게 생각하지 않았던 것처럼 말이다.

시공간에서는 각자의 관점에서 보아도 변하지 않는 본질이 있다. 그래서 우리가 같은 시공간에 산다는 사실은 자명하다. 우리는 서로 분리된 시간, 공간 속에 사는 것이 아니라 시간과 공간이 얽힌 시공간에 살고 있는 것이다.

시간은 흐르지 않는다

이제 시공간에 숨겨진 공간 차원을 하나 더 회복해보자. 우리는 공간 차원 2개와 시간 차원 1개로 3차원 시공간을 만들 것이다. 이러한 시공간을 만드는 것은 매우 쉽다. 지금 순간의 정지 사진을 찍는 것이다. 이 사진에는 우주의 모든 지금 순간이 담겼다. 카타르 월드컵 최종 예선 이란전에 손흥민 선수의 슛이 골네트를 가르는 모습, 집에서 환호하는 당신의 모습, 그리고 아주 먼 우주의 외계 행성에 소행성이 대기층으로 진입하는 모습 등 우주의 모든 지금 순간이 담긴 사진이다. 그리고 바로 다음 순간의 사진도 찍는다. 그리고 이전 순간의 사진 앞에 이어 붙인다. 이렇게 모든 순간의 사진을 찍어서 이어 붙인다. 과거의 순간을 뒤로 미래의 순간은 앞으로 이어 붙인다. 이제 우주의 모든 순간 사진을 이어 붙인 기다란 식빵 같은 3차원 시공간이 탄생했다.

식빵 3차원 시공간

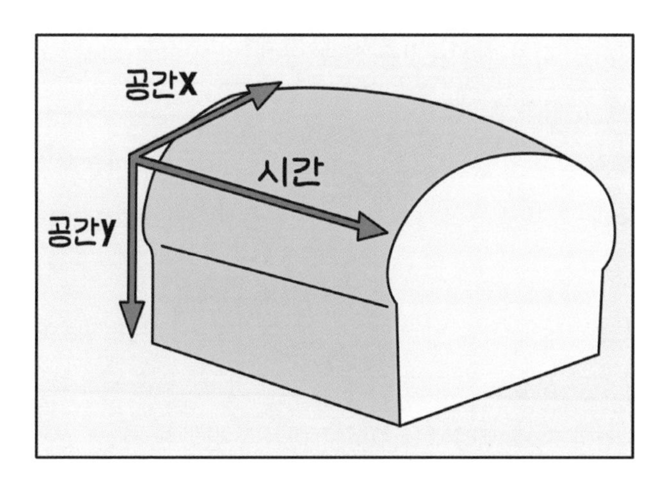

우리의 상상력은 위대하므로 우리는 이 식빵을 빵 칼로 자를 수 있다. 그럼 빵 칼로 잘린 시공간에는 하나의 단면이 나온다. 이 단면은 우주의 역사 중 어느 한순간의 모습을 담고 있다. 어릴 때 다들 한 번쯤 교과서 페이지 모서리마다 그림을 그리고 빠르게 넘기면서 재밌는 움직임을 만들어본 적이 있을 것이다. 이것을 플립 모션이라고 한다. 모든 영상의 원리도 이것과 다르지 않다. 여러 개의 사진을 매우 빠르게 넘기며 보여주는 것이다. 우리의 식빵 시공간도 아주 작은 간격마다 평행하게 자르고 시공간의 단면들을 차례로 넘기면 우주의 역사가 재생되는 것이다. 손흥민 선수의 슛이 손흥민 선수의 발에서 출발해서 골네트를 가르기까지, 외계 행성에 소행성이 불을 뿜으며 대기를 뚫고 지상에 충돌하기까지, 시간의 흐름에 따라 지금 동시에 발생한 우주의 사건들이 차례대로 진행된다.

그런데 말이다. 우리는 시공간을 보는 기준축이 상대 속도에 따라 서로 회전한다는 것을 알고 있다. 당신의 빵 칼이 시공간 식빵을 수직하게 잘랐다면 당신과 상대적으로 움직이는 나의 빵 칼은 식빵을 당신의 단면과 기울어진 각도로 자르게 된다. 기울어진 각도로 잘라서 생긴 시공간 단면은 나의 지금 이 순간이다.

그런데 나의 지금 이 순간 우주의 모습은 당신의 지금 이 순간 우주의 모습과 다르다. 손흥민 선수의 공이 골 네트를 가르는 사건과 외계 행성에 소행성이 대기로 진입한 사건이 당신에

식빵에서 동시선

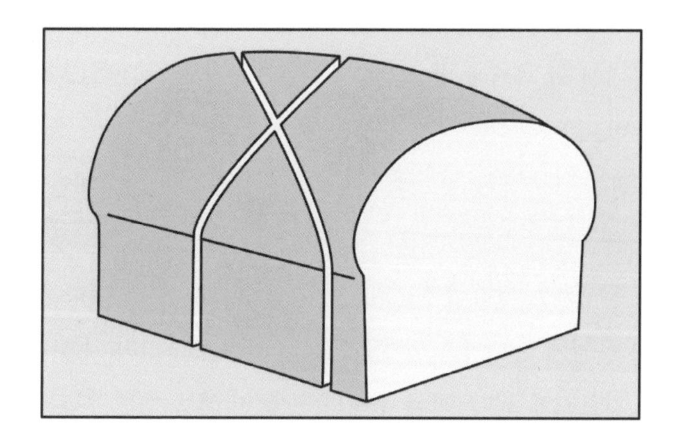

게 동시에 일어난 사건이라면 나에게는 공이 골네트를 가르는 사건과 외계 행성에 소행성이 땅과 충돌한 사건이 동시에 일어난 사건이다. 3차원 시공간 식빵을 우리는 서로 다른 각도로 잘랐기 때문에 우리의 동시는 서로 다른 것이다.

물론 우리가 식빵을 자르는 각도의 차이는 매우 작다. 상대속도가 빛의 속도와 가깝다면 45도까지 커지겠지만 우리 둘의 상대 속도는 빛의 속도에 비하면 정말 미비하다. 그렇기 때문에 우리가 느끼는 동시의 차이는 우리가 인지하지 못하는 시간 간격 내에서 벌어진다. 하지만 우주의 크기는 무한하기 때문에 아무리 작은 각도 차이라도 거리가 아주 멀어진다면 동시라고 생각한 순간의 차이가 매우 커진다. 거의 평행하게 그은 선도 거리가 엄청나게 멀어지면 간격이 많이 벌어지지 않는가? 우리에게 아주 먼 곳에서 발생한 사건이 당신의 지금 순간에 벌어졌다면 나에겐 먼 과거에 벌어진 사건이 되어버린다. 이것은 우리에게 흥미로운 사실을 알려준다.

무한한 우주에는 우리와 상대적으로 움직이는 외계인들이 있다. 꼭 외계인들이 아니라 어떤 물질이어도 상관없다. 우리가 지금 동시라고 생각한 순간에 존재하는 외계인들이 있다. 그런데 그 순간에 존재하는 외계인들에게 동시는 우리의 과거와 미래를 가르키게 된다. 결국 우리의 과거, 미래 모두는 우리의 지금에 존재하는 외계인의 지금인 것이다. 그러니까 결국 시공간

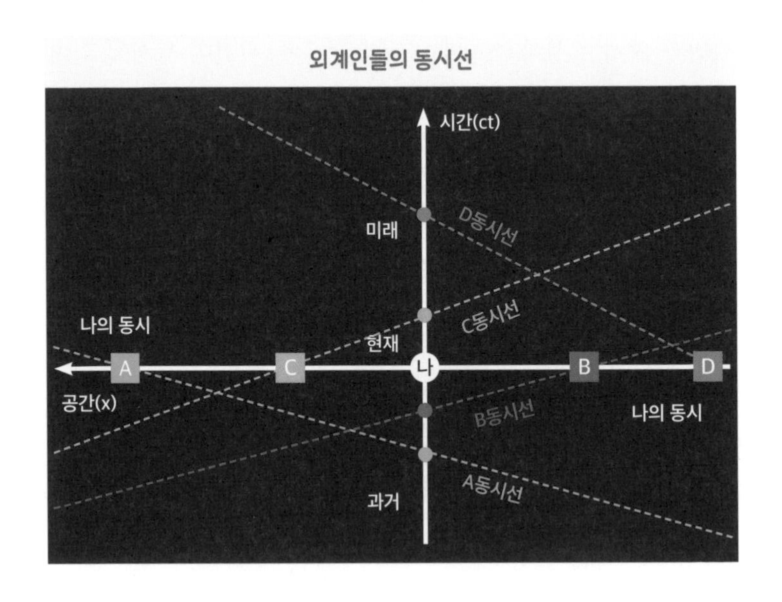

의 모든 순간은 누군가의 지금이 된다. 우주의 과거, 현재, 미래의 모든 순간이 지금이라면 우리는 이런 결론을 내려야 한다.

'시간은 흐르지 않는다'

이것은 현대 과학의 가장 당혹스러운 결과이다. 5차원에서 내려다본 우리의 4차원 시공간은 딱딱하게 굳은 하나의 빵덩어리다. 시공간의 모든 사건은 마치 식빵 안의 건포도처럼 제자리에 박혀 있을 뿐이다. 부드러운 시간의 흐름은 없다. 이곳에 과거와 현재 그리고 미래란 없다. 그렇다면 삶이 흘러갔다고 생각한 건 우리의 완전한 착각이었을까? 아니면 아직 우주를 완전히 이해하지 못해 생긴 오해일까? 이 문제의 답을 내리려면 우리에겐 아직 많은 시간이 필요하다.

이제 우주의 비밀을 풀 수 있을까?

우리가 지금까지 살펴본 것은 사실 상대성 이론의 첫 번째인 특수 상대성 이론이다. 특수 상대성 이론은 일반 상대성 이론의 특수한 경우라 할 수 있다. 특수 상대성 이론은 서로 일정한 상대 속도로 움직이는 대상들 사이에서 나타나는 상대성이다. 쉽게 말해서 서로 일정한 상대 속도로 움직이는 사람들을 누가 움직이고 있는지 구별할 수 없는 것이다. 모두가 자신이 정지하고 있다고 생각하는 것은 옳다.

하지만 가속의 경우는 다르다. 정지해 있던 버스가 갑자기 가속한다면 몸이 뒤로 쏠리는 힘을 받게 된다. 버스에 탄 사람은 자신의 버스가 가속했다는 것을 안다. 이것은 가속하지 않는 상황과 명백히 구별된다. 가속하는 사람은 더 이상 자신이 정지해 있다고 우길 수 없는 것이다. 아인슈타인은 이것이 마음에 들지 않았다. 아인슈타인은 자신의 상대성 이론이 우주의 모든 대상에 적용되길 원했다. 그래서 특수 상대성의 고개를 정복한 아인슈타인은 다시 여정에 나선다. 모든 것의 상대성을 증명하기 위한 길이었다. 그리고 1915년 12월 23일, 아인슈타인은 또 하나의 이론을 세상에 발표한다. 바로 '일반 상대성 이론'이다.

무려 10년이라는 세월이 걸렸다. 일반 상대성 이론의 위력은 엄청났다. 여기에는 우주의 비밀을 풀 열쇠가 담겨 있었다. 우리도 이제 다시 아인슈타인의 이어진 발자취를 따라가 볼 것이다. 하지만 아직 우리는 아인슈타인의 험난한 여정을 똑같이 따라가기에는 부족하다. 아쉽지만 이번에는 케이블카를 타야 한다. 자연의 세세함을 눈에 담을 순 없겠지만 우주의 정경을 한눈에 담는 경험은 매우 짜릿할 것이다.

우주 정거장의 비밀

SF 영화에는 종종 우주 정거장이 배경으로 등장한다. 〈인터스텔라〉에도 나왔고 〈아마겟돈〉에도 등장했다. 어릴 때는 우주 정거장에서 두둥실 떠다니는 배우들을 보면 무척 부러웠다.

'무중력은 어떤 기분일까?'

나와 같은 생각을 다들 한 번쯤은 하지 않았을까? 그런데 사실 이것은 무중력이 아니다. 뉴턴의 중력 법칙에 따르면 중력은 지구로부터 멀어지면 작아진다. 우주 정거장은 지구와 멀리 떨어져 있고 사람들은 두둥실 떠다닌다. 그래서 우리는 우주 정거장이 무중력 상태라고 생각한다. 하지만 우리 생각과는 달리 우주 정거장은 지구와 그리 멀리 떨어져 있지 않다. 국제 우주 정거장의 평균 고도는 400km 정도다. 지구가 농구공만 하다면 겨우 표면 위 7mm 높이에서 지구 주위를 돌고 있는 것이다. 이곳에서 지구의 중력은 겨우 10% 감소한다. 당신의 몸무게가 100kgf• 이었다면 우주 정거장에서는 90kgf가 되는 것이다. 다이어트를 해본 사람들은 '10kg 빼는 게 쉬운 줄 알아?' 하며 반박할지도 모르지만 그래도 우리가 생각한 무중력과는 거리가 멀지 않은가? 그렇다면 왜 우주 정거장에서는 모두 두둥실 떠다니는 것일까?

우주 정거장은 사실 땅으로 떨어지고 있다. 그래서 당신이 만약 우주 정거장 안에 있다면 당신도 지금 땅으로 떨어지는 중이다. 하지만 당신 옆의 칫솔, 의자, 책 등 모든 물건들이 똑같이 땅으로 떨어지기 때문에 당신은 무중력처럼 두둥실 떠 있다고 느끼는 것이다. 그럼 또 이상하다. 땅으로 떨어지는데 왜 추락하지 않는 것일까? 국제 우주 정거장은 1998년 이후로 지금까

• kgf는 1kg의 질량이 지구의 표준 중력 가속도에서 받는 힘을 의미한다.

지 계속 지구 주위를 돌고 있지 않은가? 그 비밀은 둥근 지구에 있다.

우주 정거장은 땅으로 떨어짐과 동시에 시속 27,700km라는 매우 빠른 속도로 앞으로 나아간다. 비행기 속도의 30배나 되고 90분마다 지구 한 바퀴를 도니 실로 엄청난 속도다. 만약 우주 정거장이 땅으로 떨어지지 않고 앞으로 나아가기만 한다면 둥근 지구의 곡률 때문에 땅과의 거리가 점점 멀어질 것이다. 둥근 경사를 가진 언덕에서 패러글라이딩을 할 때 앞으로 계속 나아가면 땅과 점점 멀어지는 것과 같다. 그리고 예상했듯이 우주 정거장이 매순간 앞으로 나아가기 때문에 땅과 멀어지는 거리는 중력에 의해 땅으로 떨어지는 거리와 정확히 상쇄된다. 그래서 우주 정거장은 계속 떨어지면서 지구 주위를 돈다. 마치 끝이 보이지 않는 낭떠러지로 무한히 추락하는 것이다. 이것을 등속 원운동이라고 한다.

학창시절 물리를 배웠던 사람들은 원심력을 떠올릴지도 모르겠다.

'중력과 원심력이 균형을 이루어서 힘의 합력이 0인데 왜 떨어진다고 하는 거야?'

물론 틀린 생각은 아니지만 조금 다르다. 먼저 원심력에 대해 살펴보도록 하자.

원심력이란 무엇인가?

학창 시절 등교 버스는 늘 지옥이었다. 사람들이 빼곡히 들어차 몸을 잔뜩 웅크린 채 숨만 쉴 수 있는데도 버스는 어김없이 다음 정거장에서 학생들을 또 왕창 태우곤 했다. 손잡이도 잡지 못하고 두 발로 넘어지지 않게 꽉 버텨야 했다. 왜냐하면 이상하게 앞에는 항상 호감 가는 여자아이가 있었다. 그 시기의 남중생에게는 원래 모든 여학생이 호감의 대상인 법이지 않은가.

나는 창피를 당하지 않기 위해 다리에 힘을 풀지 않았다. 하지만 버스가 급정거하는 순간이면 내 몸은 어김없이 앞으로 쏠렸다. 마치 강한 힘이 나를 앞으로 잡아당기는 것 같았다. 이 힘을 관성력이라 부른다. 급정거하는 버스 안처럼 속도가 변하는 계에서 속도가 변하는 방향의 반대로 작용하는 힘을 말한다.

급브레이크를 밟을 때나 급출발할 때 우리는 관성력을 느낄 수 있다. 관성력은 원운동에서도 생긴다. 물체가 원운동을 하기 위해서는 운동 방향에 수직한 방향으로 가속을 해야 한다. 당신이 직선으로 달리고 있는데 원으로 달리고 싶다면 당신이 달리는 방향에 수직한 방향으로 가속을 해야 한다는 뜻이다. 다시 원운동의 대명사인 디스코 팡팡을 예로 들어보자.

디스코 팡팡에서 원운동을 하는 당신은 디스코 팡팡의 중심으로 가속을 하는 중이다. 그래서 가속 방향인 중심과 반대 방향으로 관성력을 받는다. 당신의 등받이 쪽이다. 당신이 디스코

버스 안 관성력

팡팡에서 자꾸 밖으로 날아가려 하는 이유가 바로 이 관성력 때문이다. 원운동의 관성력을 특별히 원심력이라 부른다. 지구 주위를 원운동하는 우주 정거장에도 원심력이 있다. 그래서 '중력과 원심력이 서로 반대 방향으로 상쇄되어 무중력처럼 되는 것이다'라고 생각하는 경우가 많다. 그런데 이런 생각은 조금 잘못되었다. 왜냐하면 우리가 생각한 관성력은 가상의 힘이기 때문이다.

자연에 존재하는 네 가지 힘은 중력, 전자기력, 약력, 강력이다. 이 중 어디에도 관성력은 없다. 버스 바깥 정류장의 관찰자가 급정거하는 버스 안에서 넘어지는 나를 본다면 어떻게 생각할까? 관찰자의 눈에는 버스와 내가 함께 나아가고 있었는데 버스가 멈췄다. 하지만 내 몸은 계속 앞으로 나아가려 하고 버스와 맞닿은 내 발은 멈추려고 한다. 그래서 몸이 발보다 앞으로 쏠리고 넘어지게 된다. 관성력과 같은 어떠한 힘이 나를 잡아당긴 것이 아니라 그냥 나는 앞으로 나아가던 운동 상태를 계속 유지했던 것이다. 오히려 나에게 작용한 힘은 발과 버스 바닥 사이의 마찰력이다. 마찰력이 앞으로 나아가려는 나를 붙잡았다. 그래서 나는 넘어졌다.

하지만 버스 안의 내 입장에서 생각하면 나는 정지해 있었다. 그래서 정지해 있는 내가 앞으로 넘어지는 것을 설명하려면 앞으로 잡아당기는 힘이 분명히 필요하다. 누구의 관점이 옳은 것인가? 특수 상대성 이론에 따르면 진짜 정지한 사람이 누구인지 구별할 수 없었다. 하지만 가속의 경우에는 특수 상대성 이론의 상대적 관점이 적용되지 않는다. 진짜 가속하는 사람이 누구인지 구별 가능하다. 버스 바깥의 관찰자가 아니라 내가 가속한다. 왜냐하면 나의 관점에서 운동을 설명하려면 가상의 힘인 관성력이 꼭 필요하기 때문이다. 하지만 관성력은 실제로 존재하는 힘이 아니다. 그래서 내가 가짜이고 버스 바깥이 진짜이다. 이것이 가속 운동의 상대성에 대한 고전 역학적 해석이다.

우주 정거장도 마찬가지다. 원심력이란 힘은 실제로 없다. 원운동하는 우주 정거장 내부의 사람이 자신의 관점에서 두둥실 떠다니는 자신의 운동을 설명하기 위해 도입한 가상의 힘일 뿐이다. 지구의 관찰자가 봤을 때 우주 정거장과 내부의 사람이 받는 힘은 오직 중력뿐이다. 그래서 그들은 중력만을 받으며 자유낙하하고 있는 것이 맞다. 그런데 아인슈타인은 이 부분이 맘에 들지 않았다.

'꼭 그래야 할까? 지구 관찰자의 관점만 항상 옳은 걸까?'

아인슈타인은 가속 운동 역시 상대적 관점에서 바라보고 싶었다. 그는 우주가 반드시 완전한 대칭성을 가질 것이라 생각했다. 그러다 아주 놀라운 발상을 떠올린다.

'관성력과 중력이 동일하다.'

간결하면서도 아주 파격적인 발상이었다.

아인슈타인의 생애 가장 행복했던 생각

예전부터 과학자들이 이상하게 생각한 현상이 하나 있었다. 우리가 질량이라 부르는 것은 사실 두 가지 종류를 포함한다.

관성 질량과 중력 질량이다. 관성 질량은 물체에 힘을 주어 가속시킬 때 저항하는 성질이다.

무거운 돌과 가벼운 돌이 있다. 마찰이 없는 미끄러운 빙판에서 두 돌을 앞으로 민다고 해보자. 무거운 돌은 가벼운 돌보다 움직이기 어렵다. 이때 영향을 주는 것이 관성 질량이다. 무거운 돌의 관성 질량이 더 크기 때문에 무거운 돌은 가속시키기 어렵다. 이번에는 두 돌을 위로 든다고 해보자. 돌과 지구는 우리가 중력이라 부르는 만유인력에 의해 서로 잡아당기고 있다. 이때 중력의 크기에 영향을 주는 것이 중력 질량이다. 무거운 돌은 중력 질량이 더 크다. 그래서 중력이 더 크고 무거운 돌을 드는 것이 더 어렵다. 관성 질량과 중력 질량은 서로 다른 것이다. 그런데 둘의 크기는 똑같았다. 그래서 우리는 이것을 그냥 질량으로 통용해서 불렀지만 사실 이건 굉장히 이상한 일이다.

예를 들어 전기력 같은 경우에 전기력의 크기를 결정하는 전하라는 것이 있다. 전하량이 많으면 전기력이 세고 전하량이 작으면 전기력이 약하다. 전하는 중력의 크기를 결정하는 중력 질량과 같은 역할을 하는 녀석인 것이다. 하지만 전하와 관성 질량은 다르다. 자연의 네 가지 힘을 결정하는 요소 중에 유일하게 중력 질량만이 관성 질량과 똑같았다. 무언가 냄새가 나지 않는가? 과학자들도 수상한 냄새를 느꼈지만 그렇다고 특별한 이유를 찾을 수도 없었다. 하지만 아인슈타인은 달랐다.

'관성 질량과 중력 질량이 똑같으면 관성력이 사실은 중력이 아닐까?'

버스가 급정거할 때 무거운 사람은 더 큰 관성력을 받는다. 또 무거운 사람은 더 큰 중력을 받는다. 관성력은 관성 질량에 의해 결정되고 중력은 중력 질량에 의해 결정된다. 그런데 관성 질량은 중력 질량과 크기가 같다. 그런데 만약 둘이 단순히 크기만 같은 게 아니라 사실은 동일한 거라면 관성력은 중력이 된다. 아인슈타인에게 드디어 깨달음이 찾아왔다.

'관성력과 중력은 완전히 동일하다.'

이것이 바로 아인슈타인의 일반 상대성 이론 '등가 원리'다. 아인슈타인은 훗날 이것을 '생에 가장 행복했던 생각The happiest thought of my life'이라 회고했다.

등가 원리는 일반 상대성 이론의 근본적 원리가 된다. 이것은 특수 상대성 이론의 광속 불변 원리와 같은 역할이었다. 특수 상대성 이론이 광속 불변 원리를 뼈대로 만들어졌듯이 일반 상대성 이론은 등가 원리를 뼈대로 만들어진다. 버스가 급정거할 때 생긴 관성력은 버스 안의 사람에겐 사실 중력과 같다. 지구 위에서 중력을 받는 우리는 사실 가속하는 것과 같다. 사과가 땅으로 떨어지는 것이 아니라 우리가 사과로 가속하는 것이다.

한번 상상해보자. 당신은 지금 아주 깊은 우주에서 우주선을 타고 여행하고 있다. 우주 공간에는 내가 떠 있다. 내가 봤을 때 당신의 우주선은 지금 가속하고 있다. 하지만 우주선에 탄 당신은 우주선 안에 중력이 있다고 생각할 것이다. 당신은 지구에서처럼 우주선에 발을 디디고 걸어 다닐 수 있다. 고전 역학적 해석은 관성력이 가짜 힘이니 당신의 관점은 틀리고 나의 관점이 맞았다.

하지만 아인슈타인의 해석은 다르다. 관성력은 실제 힘, 바로 중력이기 때문에 당신의 관점, 나의 관점 모두가 맞다. 이것은 언뜻 보기에 간단해 보인다. 두 힘이 똑같다는 힌트는 일찍부터 과학 전반에 퍼져 있었다. 과학자들은 어째서 이 쉬운 걸 그동안 발견하지 못했던 걸까? 답은 뻔하다. 등가 원리가 결코 간단하지 않다는 것이다. 조금만 생각해도 문제를 찾을 수 있다.

만약 지구를 관통하는 구멍을 뚫고 사과 2개를 떨어뜨린다고 해보자. 사과 2개의 모습을 관찰할 사람이 필요하니 당신도 함께 떨어져 보자. 당신과 사과 2개는 밖이 보이지 않는 엘리베이터에 갇혀서 떨어진다. 엘리베이터는 중력만을 받으며 아래로 가속한다. 이런 운동을 자유낙하라 한다. 엘리베이터 안의 당신과 사과는 지구 중력을 받는다. 그리고 가속을 하므로 중력과 반대 방향의 관성력도 받는다. 이 둘은 크기가 같아 서로 상쇄된다. 아인슈타인의 등가 원리에 따르면 관성력은 중력이니 사실 이것은 두 힘이 상쇄된 것이 아니라 처음부터 중력이 없던

엘리베이터 안의 사과

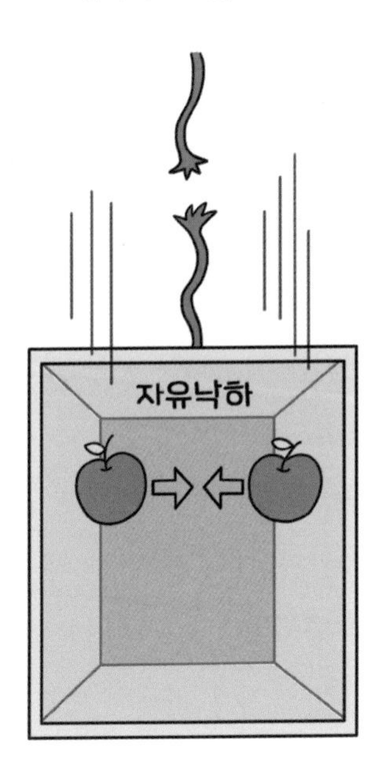

것이다. 놀랍게도 자유낙하하는 엘리베이터는 사실 무중력 공간인 것이다.

당신은 무중력 공간에 떠서 여유롭게 사과들을 바라본다. 사과들 역시 엘리베이터 안에 여유롭게 떠 있다. 그런데 엘리베이터가 지구 중심으로 다가갈수록 이상한 현상이 발생한다. 무중력 공간인 엘리베이터 안에서 아무런 힘도 받지 않아야 하는 사과들이 서로 가까이 다가가는 것 아니겠는가? 이것은 사과들이 서로 잡아당기는 만유인력 때문이 아니다. 만유인력은 매우 작은 힘이라 사과들을 그렇게 빠르게 가깝게 만들 수 없다. 사과들이 가까워지는 이유는 지구 중력이 항상 지구 중심을 향하기 때문이다. 중력만을 받아 떨어지는 사과들은 지구 중심으로 모이게 된다. 이것을 무중력인 엘리베이터 내부에서 보면 사과들이 점점 가까워지는 것처럼 보이는 것이다.

중력의 이런 특징은 관성력과 차이를 만든다. 왜냐하면 가속하는 물체 내부에 생기는 관성력은 모두 평행한 방향을 갖는다. 지구의 중력처럼 한 점으로 모이지 않는다. 국소적 작은 부분에서는 중력과 관성력이 똑같아 보였지만 지구와 같은 큰 부분을 생각했을 때는 중력과 관성력은 엄연히 차이가 있었던 것이다. 또한 중력은 질량이 만들어 내는 힘이다. 하지만 관성력은 가속이 만들어낸다. 힘의 출처가 완전히 다르다. 고전 역학의 방식으로는 이건 절대 극복할 수 없는 문제였다. 아인슈타인 역시 이것을 극복해야 했다. 중력과 가속 운동을 해석하는 새로운 방식이 그에게 필요했다. 답은 역시 시공간이었다.

시공간과 세계선

아무것도 존재하지 않는 아주 깊은 우주 공간을 상상해보자. 이곳에는 어떠한 중력도 닿지 않는다. 여기에 나와 당신이 존재한다. 당신은 정지해 있다. 정지하고 있다는 표현이 부적절할지도 모른다. 특수 상대성을 정복한 우리는 정지하고 있는 것의 기준이 상대적이라는 것을 이제 안다. 당신은 가속하지 않고 있고 내가 멀리서 우주선을 타고 당신에게 무섭게 가속하고 있다고 해보자. 우주선이 성난 황소처럼 돌진해 온다.

당신이 말한다.

"당장 가속을 멈춰. 나와 충돌하려고 그래?"

하지만 우주선 안의 나는 당신에게 이렇게 말할 수 있다.

"무슨 소리야? 난 지금 정지해 있는데 너가 나에게 가속하고 있다고!"

서로 우기기 시작하니 누구 말이 사실인지 가리기 어렵다. 하지만 당신은 곰곰이 생각하다 나에게 회심의 일격을 날린다.

"너가 정지해 있다고? 그럼 왜 너의 로켓 엔진이 불을 뿜고 있는 거지? 얼마나 뜨거운지 내 이마에 땀이 다 난다고!"

의외의 반격에 나는 잠깐 당황하겠지만 나는 이렇게 대답한다.

"지금 중력이 우리를 아래로 잡아당기고 있잖아. 난 떨어지지 않으려고 엔진을 켠 거라고! 넌 중력에 의해 자유낙하를 하는 중이고."

우리 둘의 유치한 논쟁은 누가 거짓말을 하는지 쉽게 가릴 수 없다. 그래서 판결을 위해 아인슈타인을 불러 보자. 아인슈타인은 놀랍게도 우리 둘의 말이 모두 옳다고 한다.

2차원 시공간에 당신의 관점으로 당신과 나의 궤적을 그려보

자. 당신은 하얀 도화지 같은 시공간에 시공간을 해석하는 2개의 수직한 축을 그릴 수 있다. 세로축은 시간, 가로축은 위치를 나타낸다고 하자. 두 축이 만나는 원점이 당신이 지금 있는 위치다. 시간이 지나도 당신은 움직이지 않으니 가로축 방향의 위치는 변화가 없다. 하지만 시간이 계속 증가하니 원점에서 위로 증가하는 궤적이 그려질 테다. 위로 반듯하게 뻗은 직선, 시공간에서 당신의 궤적이다. 이것을 세계선이라 부른다.

이번에는 나의 세계선을 그려 보자. 쉬운 것부터 해보도록 하겠다. 내가 만약 가속하는 우주선이 아니라 당신에게 일정한 속도로 접근하는 우주선을 탔다고 해본다. 나는 가로축의 먼 위치에서부터 시간이 지나면서 당신에게 점점 가까워지는 궤적

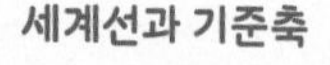
세계선과 기준축

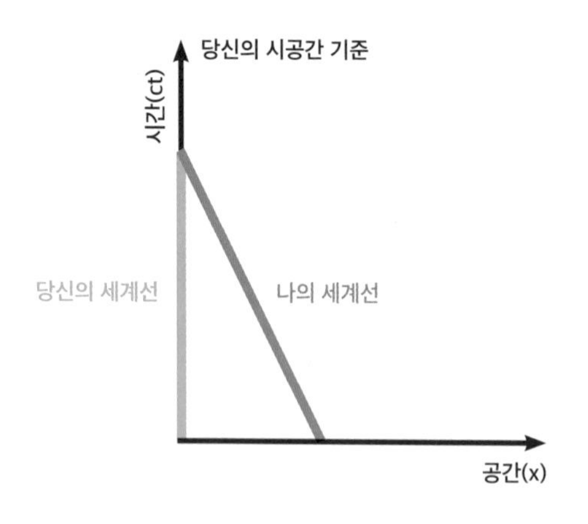

을 만든다. 일정한 속도이기 때문에 시간이 증가하면서 가까워지는 거리도 일정하다. 나의 세계선은 가로축 위의 먼 위치에서 당신에게 기울어진 직선이다.

기울어진 직선이 시간 축과 만나면 당신과 만나게 된다. 하지만 나의 관점에선 내가 움직인 것이 아니다. 나는 정지해 있고 다가온 것은 당신이다. 특수 상대성 이론에 따르면 이 관점 또한 옳다. 그럼 기울어진 세계선을 어떻게 정지된 상태로 만들 수 있을까? 우리는 답을 알고 있다. 내가 세계선을 해석하는 기준축을 옮기고 회전하면 된다. 나의 기준축은 당신의 기준축과

나의 시공간 기준

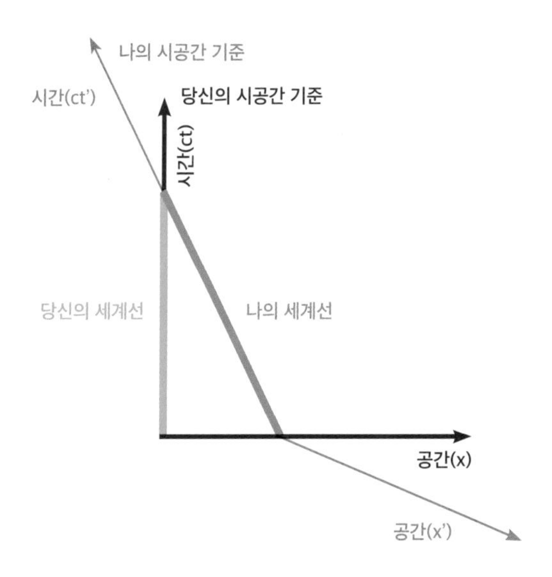

다르다. 시간 축은 나의 세계선과 평행하도록 회전하고 공간 축도 시간 축만큼 회전한다. 나의 시간 축을 따라 움직이는 세계선은 나의 관점에선 완벽히 정지되어 있다. 그리고 나의 기준축으로 본 당신의 세계선은 움직이고 있는 것이다. 그럼 이제 모두의 관점은 옳은 것이 된다. 시공간의 세계선을 보는 기준이 다를 뿐이다. 우리가 공간에 놓인 돌덩이를 기준에 따라 다르게 해석하는 것처럼 말이다.

그런데 공간 축이 어째서 시간 축과 반대 방향으로 회전하는 걸까? 잠깐 짚고 넘어가자. 엄밀히 말하면 회전 방향은 좌표 공간을 정의하는 수학적 스킬에 따라 다르다. 하지만 우리가 그러한 복잡한 부분까지 알기를 원하는 건 아니니 간단하게 이해해보자. 내가 엄청나게 빠른 기차를 타고 당신을 지나친다. 당신을 지나치는 순간 내가 앞으로 손전등을 켠다. 당신의 관점에서 빛의 세계선을 그려보자. 시공간을 수직한 축으로 바라보는 당신에게 빛의 세계선은 45도의 직선이 된다.

시간 축과 공간 축의 간격을 적절하게 설정하면 그렇게 만들 수 있다. 예를 들면 시간 축의 간격이 ct가 되는 것이다. 나는 당신에게 엄청나게 빠른 속도로 지나가므로 나의 시간 축은 당신에 시간 축에 대해 회전한다. 그런데 문제는 특수 상대성 이론의 근본 원리가 광속 불변이었다는 것이다. 회전한 나의 시공간 축에 대해서도 빛의 속도는 일정해야 한다. 그렇기 위해서는 나의 시공간 축에서도 빛의 세계선은 두 축의 사이를 이등분하는

회전한 시공간과 빛의 세계선

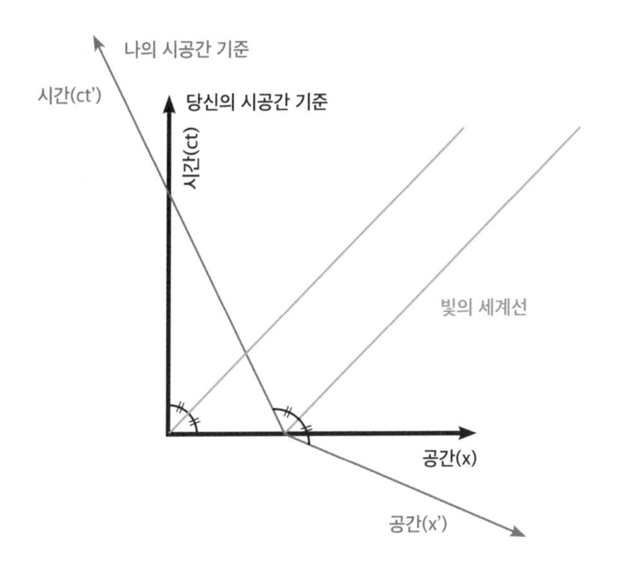

지점을 지나야 한다는 것이다. 공간 축이 시간 축과 반대 방향으로 회전한다. 그럼 이제 나의 기준축으로도 빛의 속력은 당신과 똑같은 크기가 되었다.

시공간의 세계선을 알았으니 이제 본격적인 문제에 들어가자. 이번에는 내가 일정한 속력이 아닌 가속을 하며 당신에게 다가온다. 물론 이건 당신의 관점이다. 아까와 같은 2개의 수직한 기준축에서 당신의 세계선은 여전히 위로 뻗은 직선의 형태를 할 것이다. 당신은 정지했고 시간은 증가하고 있으니 당연하다. 당신이 관찰한 나의 세계선은 아까와는 다르다. 나는 가속하고 있으니 시간이 흐를수록 같은 시간 동안 점점 더 많은 거리를 이동한다. 처음에는 수직선과 가깝게 올라가다가 나중에는 수평선과 가깝게 휘게 된다. 즉, 이번에 나의 세계선은 직선이 아니라 휘어진 곡선인 것이다.

하지만 나의 관점에서 나는 정지하고 있다고 생각한다. 나에게 나의 세계선은 곡선이 아니라 정지한 상태를 가리키는 직선이어야 한다. 아까처럼 세계선이 기울어진 직선인 경우에는 나의 시공간 축을 회전시켜 나도 똑같이 정지해 있다고 생각하는 것이 가능했다. 하지만 휘어진 곡선은 나의 시공간 축을 아무리 옮기고 회전한다고 해도 내가 정지해 있는 것이 가능하지 않다. 휘어진 곡선을 직선으로 만들 수는 없는 것이다. 즉, 나의 기준

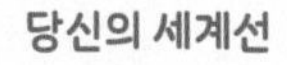

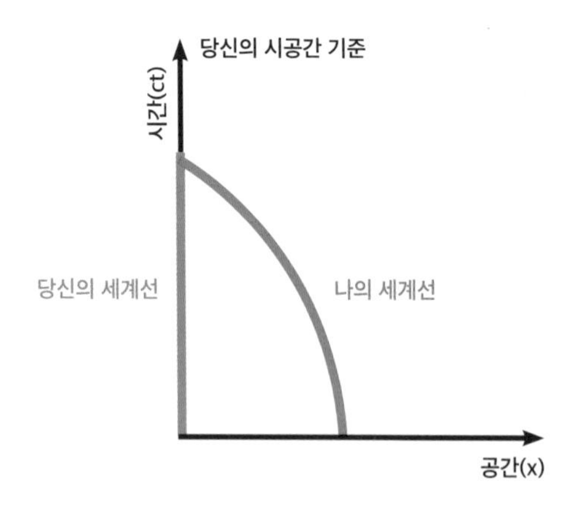

축으로 보더라도 내가 정지한 것은 말이 안 된다. 그래서 만약 당신이 정지한 것이 옳다면 나는 가속을 하는 것이고, 당신이 정지한 것이 옳다면 당신이 가속을 하는 것이다.

이번에는 우리 둘 다 옳을 수 없다. 하지만 아인슈타인은 이것을 우리 둘 다 옳은 것으로 만들고 싶었다. 우리 우주를 상대적인 어떤 관점으로 봐도 틀리지 않다는 사실을 증명하고 싶었다. 그래서 아주 번뜩이는 생각을 해낸다. 곡선을 직선으로 만드는 마법. 당신도 한번 해보겠는가? 당신에게 휘어진 세계선을 내게는 직선처럼 만드는 것이다. 5분의 시간을 드리겠다. 자신을 가둔 생각의 틀을 깬다면 해답이 바로 눈앞에 있다는 사실을 깨닫는다.

아인슈타인이 찾은 해답은 간단하다. 종이를 말아 올리듯 시공간을 휘는 것이다.

시공간의 휨

2차원 세상에 살고 있는 개미를 생각해보자. 종이 위에 그려진 개미 그림을 떠올리면 좋다. 개미들의 2차원 세상에는 아주 거대한 삼각형이 있었다. 그런데 이 삼각형에는 한 가지 미스터리가 있다. 피타고라스의 정의에 따르면 직각 삼각형 빗변의 길이는 수직한 두 변의 길이를 제곱해서 더한 값에 루트를 씌우면

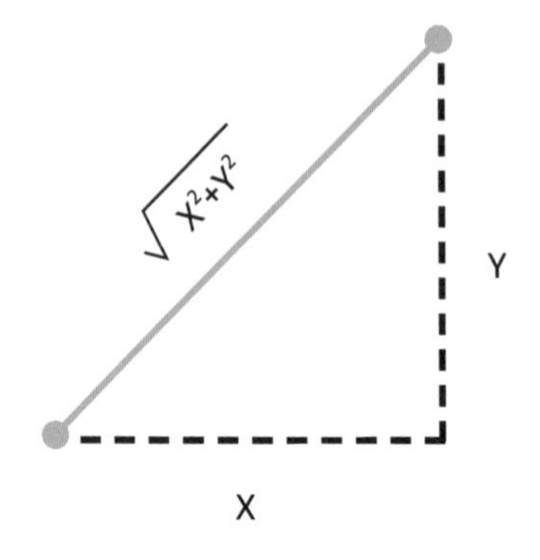

나온다.

그런데 이상하게 빛을 이용해 정밀하게 측정한 삼각형의 빗변 길이가 피타고라스 공식으로 구한 길이보다 긴 게 아닌가? 2차원 개미들은 이 현상을 도저히 이해할 수 없었다. 하지만 그런 개미들을 바라보는 우리의 얼굴에는 의아함이 떠오른다. 3차원 세상에 살고 있는 우리들에게는 개미들이 측정한 결과는 당연한 것이었다. 왜냐하면 개미들이 살고 있는 세상이 둥근 구처럼 생긴 세상이었기 때문이다. 2차원 개미들은 자신들의 세상이 평면이라고 생각하고 살겠지만 우리가 봤을 때 개미들의 세상은 휘어 있다. 휘어진 구에 그린 직각 삼각형의 빗변이 피타고라스 정리로 구한 빗변보다 긴 것은 당연한다.

만약 지구 위에 아주 긴 직선 도로를 만든다고 해보자. 적도

구 위에 그린 직각 삼각형

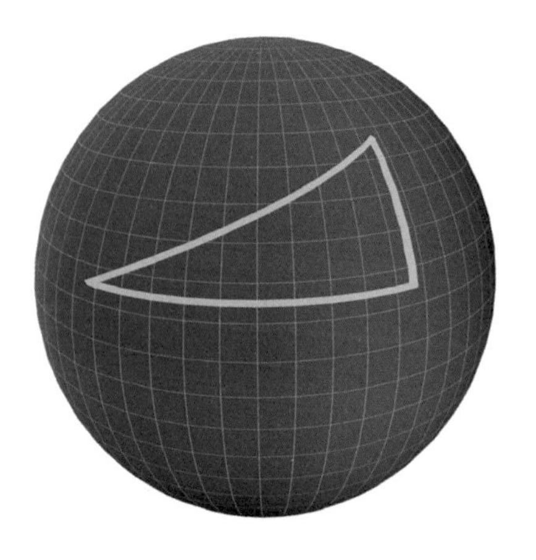

에서 북극까지 도달하는 도로다. 레이싱 마니아들은 신나서 풀 엑셀을 밟을 것이다. 직선으로 뻗어 있기에 핸들을 조종할 필요도 없다. 하지만 사실 이 도로는 직선이 아니라 곡선이다. 구형인 지구를 따라 그려졌기 때문이다. 물론 우리가 우주에서 지구를 바라본다면 이 선이 직선이 아니라 곡선이라는 것을 알 수 있다. 하지만 2차원 세상의 개미들은 자신의 세상이 고차원으로 휘어 있다는 것을 알 수 없고 삼각형의 빗변은 개미에겐 직선인 것이다. 아인슈타인은 우리도 마찬가지라 생각했다. 만약 우리가 사는 4차원 시공간이 휘었다면 당신이 본 나의 휘어진 세계선이 나의 입장에서 직선이 되는 이유가 설명된다. 나는 휘어진 시공간에 직선을 그린 것이고 그것을 펼쳐 본다면 당신이 본 곡선이 되는 것이다. 그러니까 나의 세계선은 우리 둘에게 모두 일치한다.

나의 시공간이 휜 것이다. 나는 휘어진 시공간 안에서 중력을 느끼며 정지해 있다고 생각하는 것이다. 그러니까 우리 둘 다 거짓말을 하고 있지 않다. 당신에게 나는 가속을 하는 것이고 나에게 나는 중력에 저항하며 정지하고 있는 것이다. 이 둘은 시공간 속에서 동일한 세계선을 가진 같은 현상이다. 둘 다 곡선이다. 종이를 펴서 봤느냐 휘어서 봤느냐의 차이다.

그럼 무엇이 대체 시공간을 휘게 한 걸까? 중력일까? 중력을 느끼는 나의 시공간이 휘었으니 그럴듯해 보인다. 하지만 아니다. 시공간을 휘게 만드는 건 그곳에 존재하는 물질의 질량과 에너지, 그리고 압력•에 의해서다. 우리가 중력이라고 느끼는 힘은 시공간의 휨으로 인해서 나타나는 효과일 뿐이다. 자연의 가장 기본적인 원리 중 하나는 모든 물질은 아무런 힘을 받지 않으면 자신의 운동 상태를 그대로 유지하는 것이다. 정지하고 있던 공은 계속 정지하고 움직이던 공은 계속 같은 속력으로 움직인다. 이것이 갈릴레이가 생각한 관성이고 뉴턴의 제1법칙이기도 한다.

이 원리를 계속 받아들인다면 아무런 힘도 받지 않는 물질은

• 아인슈타인의 일반 상대성 이론에는 중력이 질량과 에너지뿐만 아니라 압력에 의해서도 결정된다는 것이 나와 있다.

시공간 속에서 계속 정지하거나 같은 속력으로 움직인다. 정지와 등속운동, 사실 이 둘은 같은 것이다. 특수 상대성 이론을 잘 이해했다면 곧바로 눈치챘을 것이다. 만약 시공간이 휘어졌다면 물질은 휘어진 시공간을 따라 움직인다. 굴러가던 공이 움푹 파인 구덩이를 만나면 구덩이를 따라 구르는 것을 생각해봐라. 하지만 공은 중력에 의해 구덩이를 따라 구르지만 휘어진 시공간을 따라 움직이는 것은 어떠한 힘 때문이 아니라 자연스러운 현상이다.

물질은 휘어진 시공간을 따라 움직인다.

시공간을 따라 움직이는 물질은 아무런 힘도 받지 않는 자연스런 상태다. 그래서 휘어진 시공간을 따라 자연스럽게 흘러가는 물질은 중력을 느낄 수 없다. 무중력인 것이다. 하지만 시공간의 흐름에 저항한다면 휘어진 시공간이 만드는 중력을 느끼게 된다. 지구에 정지한 우리가 중력을 느끼는 이유다. 중력은 시공간의 휨으로 생긴 결과다. 중력에 대한 아인슈타인의 이런 새로운 해석은 등가 원리를 완벽하게 완성시켰다. 가속하는 우주선은 시공간의 흐름에 저항하는 것이다. 이러한 저항은 시공간의 굴곡이 만드는 힘을 느낀다. 과거에는 이 힘을 가상의 힘인 관성력이라 불렀다. 하지만 아인슈타인의 새로운 해석을 따르면 이 힘과 중력이 완전히 동일한 현상인 것이다.

앞에서 언급한 우주 정거장 얘기로 돌아가보자. 우주 정거장은 로켓 엔진을 써서 가속하지 않는다. 우주 정거장은 시공간의 흐름을 따르며 계속 똑같은 운동 상태를 유지할 뿐 저항하지 않는다. 그래서 우주 정거장 내부는 중력이 없다. 이것은 아까 아무런 중력도 미치지 못하는 깊은 우주 공간에 떠 있던 당신의 상황과 똑같다. 우주 정거장 내부의 관찰자는 진정한 무중력 상태에 있는 것이다. 그러니까 사실 우주 정거장은 당신이 생각하던 무중력은 아니었지만 사실은 그것이 진정한 무중력이었다. 우리가 느끼는 중력에 저항하지 않고 자유낙하하는 물체들은 사실 시공간에서 정지하거나 일정한 속력으로 유유히 떠다니는 것이지만 휘어진 시공간 속에서 세상을 보는 우리의 눈에는 중력을 받아 가속하는 것처럼 보이는 것이다.

우리는 지금까지 2차원 시공간을 통해 일반 상대성 이론을 이해해보려고 노력했다. 시공간의 2차원적 비유는 시공간의 휨과 중력에 대한 우리의 직관적인 이해를 도와준다. 하지만 이것이 완벽한 비유가 될 수는 없다. 실제 우리가 사는 세상은 4차원 시공간이다. 3개의 공간 차원과 1개의 시간 차원이 결합했다. 3차원 존재인 우리가 4차원 시공간이 휘는 모습을 생각할 순 없다. 2차원 개미가 휘어진 자신의 공간을 생각하지 못하듯이 말이다. 그럼 언뜻 생각해보면 휘어진 시공간이란 게 의미 없어 보인다. 존재할 수도 없고 생각하지도 못하는 것이 우리

삶에 쓰인다면 그게 바로 모순 아니겠는가?

하지만 우리는 개미와 다르다. 개미에게는 없고 우리에게는 있는 게 있다. 그것은 바로 수학이다. 아인슈타인이 일반 상대성 이론의 아이디어를 떠올린 건 특수 상대성 이론을 발표하고 오래지 않아서다. 하지만 일반 상대성 이론을 완성하는 데는 앞서 말했듯이 무려 10년이란 세월이 걸렸다. 이렇게 오랜 시간이 필요했던 건 일반 상대성 이론을 서술하기 위한 수학이 필요했기 때문이다. 아인슈타인은 리만 기하학과 텐서라는 복잡한 수학을 이용해 일반 상대성 이론을 완성했다. 우리는 수학을 통해 우리가 보지 못하는 고차원을 분석하고 시공간의 휨을 계산할 수 있다.

일반 상대성 이론을 완벽히 알기 위해선 결국 수학의 언어로 살펴봐야 한다. 하지만 새로운 언어를 배우는 것은 매우 힘든 일이다. 외국어를 모를 때 우린 그림 등을 보고 내용을 유추하려 한다. 마찬가지로 일반 상대성 이론을 완벽히 담기엔 부족했지만 제법 직관적인 비유로 일반 상대성 이론을 이해해본 것임을 명심해야 한다.

또 다른 세계를 향해

모든 것이 상대적이라는 단순한 원리로 우주를 서술하는 상대성 이론은 아름답다. 또 상대성 이론은 수학적 완전성을 갖추었다. 하지만 이론이 수학적 완전성을 가졌다는 것과 이 이론이 사실이라는 것은 별개의 문제다. 또 우리에겐 아주 쉬운(?) 뉴턴의 중력 법칙이 있다. 그런데 왜 굳이 복잡한 상대성 이론을 받아들여야 하는 걸까?

우리가 새로운 이론을 도입할 때는 기존 이론의 한계를 만났을 때이다. 뉴턴의 중력 법칙은 잘 예측하지 못하고 상대성 이론이 정확하게 예측했던 현상에는 많은 것들이 있다. 그것들을 모두 자세히 다루지는 않겠다.* 하지만 특별히 알아야 할 부분이 있다. 상대성 이론은 뉴턴 역학의 가장 큰 문제를 해결했다.

바로 기존 뉴턴 역학의 가장 큰 논리적 허점이던 '마술 같은 원격작용'이다. 뉴턴의 중력 법칙에는 중요한 두 가지가 빠져 있다. 바로 중력을 전달하는 매개체와 중력이 전달되는 시간이다. 물체를 움직이거나 변화시키려면 반드시 어떤 접촉이 있어야 한다. 그것이 손이든 바람이든 아니면 눈에 보이지 않는 전자기장이든 힘을 전달하는 매개체가 있어야 한다. 그것이 우주를 살아가는 우리가 실제 세계를 이해한 방식이다.

그런데 뉴턴의 중력 법칙에는 힘을 전달하는 어떤 매개체가 필요 없다. 그래서 두 물체 사이의 중력은 아주 멀리 떨어져 있어도 즉각적으로 전달된다. 이것은 TV 리모컨보다 놀라운 현상이다. 리모컨도 아무런 매개체 없이 즉각적으로 TV를 켜는 것 같지만 리모컨은 전자기파를 통해 신호를 전달한다. 그래서 리모컨에서 전자기파가 출발하고 TV에 도달하기까지 시간이 걸린다. 너무 빨라 우리가 감지하지 못할 뿐이다. 하지만 중력은 그런 것이 필요 없다.

예를 들어 지금 태양이 갑자기 사라졌다고 해보자. 하지만 여전히 하늘에는 멀쩡한 태양이 보일 것이다. 태양이 사라졌다는 비보를 전해줄 빛이 아직 지구에 도착하지 않았기 때문이다. 빛은 8분 19초 후에 태양의 비보를 지구에 들고 온다. 하지만 뉴턴의 중력 법칙에 따르면 우리는 그보다 먼저 태양의 상태를 알

• 궁금하신 독자들은 수성의 세차 운동, 에딩턴의 개기일식 관측, 중력 렌즈 등을 찾아보면 된다.

수 있다. 중력은 즉각적으로 작용하기 때문에 태양이 사라진 순간 지구에 미치는 태양의 중력이 사라진다. 그래서 지구는 실이 끊어진 연처럼 공전 궤도에서 즉각 이탈해 버린다. 하지만 우리 눈에 여전히 태양은 하늘에 유유히 떠 있을 것이다.

상대성 이론이 만드는 이야기

뉴턴 중력 법칙의 이런 성질은 당시 마법이나 미신 같은 것을 타파하려 했던 중세시대 과학계에서도 큰 비판을 받았다. 하지만 어쩌겠는가? 뉴턴의 중력 법칙은 별과 행성, 그리고 물체의 운동을 그 어떤 것보다 정확히 예측했다. 더 나은 방법이 없으니 따르는 수밖에 없었다. 하지만 상대성 이론은 이것을 깨끗이 해결한다.

아인슈타인의 관점에서 시공간은 세상에 존재하는 실체이다. 지구와 태양 사이는 비어 있는 것이 아니라 시공간이 존재하는 것이다. 만약 태양이 사라진다면 태양이 휘게 했던 주변 시공간에 변화가 생긴다. 그러한 변화는 다시 인접한 시공간에 변화를 만든다. 시공간의 변화는 마치 물결이 퍼져 나가듯 주변으로 퍼져 나간다. 파동인 것이다. 시공간의 파동이 지구에 도착했을 때 우리는 태양의 중력이 사라졌다는 것을 알게 된다. 이것을 '중력파'라고 한다.

중력파의 속력은 빛의 속력과 같다. 그래서 상대성 이론에 따르면 지구가 공전 궤도에서 이탈하는 순간 하늘에 떠 있는 태양도 사라진다. 비록 태양은 8분 19초 전에 이미 사라졌겠지만 말이다. 아인슈타인은 상대성 이론을 통해 중력파의 존재를 예견했다. 중력파는 음파도 아니고 전자기파도 아니다. 기존의 과학 이론으로는 설명할 수 없는 파동이었다. 중력파가 정말로 존재했을까? 1992년에 17개국의 900명이 넘는 과학자가 참여한 국제적 프로젝트가 시작된다. 바로 '라이고 프로젝트'이다. 라이고는 레이저 간섭계를 이용해 중력파를 관측하는 장치다. 2002년 가동을 시작한 라이고는 2015년 9월 14일 드디어, 두 블랙홀이 충돌하면서 방출한 중력파를 최초로 검출한다. 아인슈타인의 예측이 맞았던 것이다.

블랙홀처럼 중력이 강한 곳에서는 시간이 천천히 흐른다는 얘기를 많이 접했을 것이다. 영화 〈인터스텔라〉는 거대한 블랙홀 가르강튀아 근처 밀러 행성의 1시간이 지구의 7년과 같다는 설정이다. 또 쿠퍼가 가르강튀아의 사건 지평선 안에 몇 시간 빠져 있을 동안 지구의 딸 머프는 무려 80년이란 세월이 흐르게 된다. 이것은 단순히 SF 영화의 설정이 아니라 노벨 물리학 수상자 킵손이 일반 상대성 이론을 적용해 철저히 계산한 결과였다. 중력이 강하다는 것은 시공간이 많이 휘었다는 것이다. 그곳에선 시간도 천천히 흐르게 되고 빛조차도 휘어진 경로를 따라 진행하게 된다. 그래서 사건의 지평선이라 부르는 블랙홀 영역 안에서는 빛도 밖으로 빠져나갈 수 없다. 강한 중력이 빛을 붙잡는 것이 아니라 휘어진 시공간이 빛을 가두는 것이다. 빛은 극도로 휘어져 원형이 된 시공간 트랙을 영원히 달리는 것이다. 그런데 이런 영화 같은 이야기가 정말 사실일까?

1976년 하버드대학 로버트 베소는 나사의 로켓에 원자 시계를 실어 10,000km 상공에 띄었다. 그리고 지상의 시계와 차이를 비교했다. 10,000km 상공의 원자 시계는 지상보다 하루에 0.00003초만큼 느리게 흘렀다. 이것은 아인슈타인의 일반 상대성 이론과 일치하는 결과였다. 또 앞에서 얘기했던 GPS 위성은 특수 상대성 이론에 의한 시간 지연뿐 아니라 중력에 의한 시간 변화도 함께 고려해준다. 중력은 이 시계를 하루에 100만분의 45초만큼 빠르게 만든다. 이 정도 시간 차이는 지상의 위치를 10m 이상 잘못 측정하게 만들기 때문에 반드시 수정해줘야 한다.

공간의 굴곡에 대한 가장 유명한 측정은 하버드대학의 로버트 리젠버그와 어윈 샤피로 연구팀이 진행한 실험이다. 연구팀은 화성 주위를 도는 바이킹 1호와, 바이킹 2호에 계속해서 전파를 보낸 뒤 전파가 돌아오는 시간을 1년간 측정했다. 화성과 지구는 태양 주위를 공전하므로 전파가 이동하는 경로는 계속해서 변했다.

“로버트! 역시 전파가 태양 근처를 통과할 때 시간이 예상 시간보다 길게 측정돼!”

태양의 휜 공간

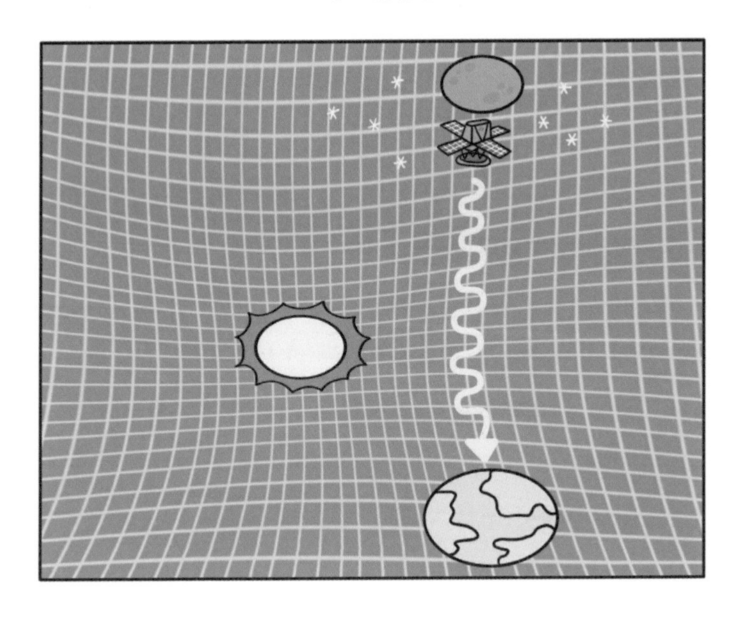

"얼마나 더 걸린 거야?"

"태양과 가까워질수록 수백 마이크로초는 더 걸리네. 일반 상대성 이론의 예측과 일치해!"

"빛의 속력이 항상 일정하니까. 전파의 이동 경로가 50km나 더 길어진다는 건가?"

"그렇지. 태양 주변으로 갈수록 공간의 굴곡이 더 심해진 거야. 빛이 휘어진 공간의 굴곡을 따라 진행한 거지."

끝나지 않은 이야기

상대성 이론을 잘 모르는 사람들은 시간과 공간이 팽창하고 수축한다는 사실이 과학자들이 상상한 허구의 이야기라고 생각하는 경향이 있다. 혹은 아직 제대로 검증되지 않은 미약한 이론으로 여기기도 한다. 하지만 상대성 이론은 과학자들의 혹독한 검증을 탄생 이후 100년 동안 계속해서 견뎠다. 하지만 아직까지 상대성 이론이 틀렸다는 결과는 한 번도 나오지 않았다.

상대성 이론의 파급력은 엄청났다. 여기에 우주의 비밀을 개봉하는 열쇠가 담겨 있다는 걸 아인슈타인도 처음에는 미처 알지 못했다. 상대성 이론은 우리 우주의 탄생과 지금의 모습을 알게 해줬다. 또 우주는 팽창하거나 수축할 수 있는 역동적인 녀석이라는 것을 알려줬다.

상대성 이론에 따르면 우주에는 모든 것을 집어삼키는 블랙홀이 존재했고 어쩌면 순간 이동을 하는 웜홀도, 시간을 거스르는 타임머신도 가능했다. 이 이야기를 다 하려면 밤을 새워도 시간이 모자라다. 그러니 우리의 여정은 처음 목표였던 이 지점에서 끝내는 게 좋을 듯하다. 아쉬운 마음이 크겠지만 상대성 이론에 눈을 뜬 여러분의 흥미진진한 탐험은 이제부터 시작이다. 이제 당신의 세상에는 그동안 보지 못했던 놀라운 과학 이야기가 곳곳에 드러날 것을 장담한다. 상대성 이론을 알게 된 우리는 이제 세상을 조금 다른 관점으로 볼 수 있다. 세상의 새로운 모습을 알게 됐으니 사고 방식도 변할 것이다. 과학의 놀라운 힘이 아닐 수 없다.

많은 사람들이 과학은 딱딱하고 어렵다는 편견을 가지고 있지만 사실 과학은 최고의 이야기였다. 선조들은 하늘의 별을 보여주며 세상이 움직이는 원리를 설명했다. 세상의 비밀을 알려주는 그들의 이야기는 최고의 재미였다. 고대 인도 사람들은 지구를 거북이 등 위에 올라탄 코끼리 네 마리가 떠받치고 있다고 생각했다. 정말 재미있지 않은가? 현대를 살아가는 우리는 이런 생각을 비웃을지도 모른다. 그런데 과연 그럴까? 우리는 고대 인도 사람들에게 어떤 진실을 말해줄 수 있을까? 지구는 둥그런 구슬이고 허공에 떠 있다. 하늘에 떠 있는 태양은 지구가 1만 개나 넘게 들어가는 먼 거리에 있다. 태양은 지구가 130만 개나 들어가는 거대한 불덩어리다. 이 불덩어리 주위를 8개의 구슬들이 아무런 끈도 연결하지 않고 알아서 돌고 있다. 우주는 무한하고 지금도 계속해서 팽창하고 있다. 시간과 공간은 팽창하고 수축한다. 고대 인도인들이 우리를 보는 표정이 어떨지 상상이 안 된다.

사람들은 현대 과학이 상대성 이론, 양자역학 이후 정체되어 변화없이 지루하게 흘러간다고 생각한다. 하지만 현대 과학은 지금 상대성 이론, 양자역학을 통합하는 만물의 이론에 도전하고 있다. 초끈 이론, 루프 양자 중력 등 쟁쟁한 후보들이 등장했다. 초끈 이론에는 차원이 11개나 존재한다. 3차원을 넘어선 여분의 차원은 아주 작은 공간에 말려 있다고 한다. 루프 양자 중력 이론을 따르면 우리 우주의 모든 사건은 시간에 걸쳐 일어나는 것이 아니다. 양자장의 상태로 중첩되어 공존한다. 당신은 이것보다 흥미 진진한 소설을 읽어 봤는가? 놀라운 점은 이 소설이 허구가 아니라 수학과 사실에 기반해서 쓰여졌다는 것이다.

아인슈타인이 생각의 틀을 깨고 상대성 이론을 떠올렸듯이 우리도 조금의 편견을 깬다면 정말 재미있는 과학을 만나게 된다. 이러한 과학은 우리를 더 높은 곳으로 데려갈 수 있다. 과학은 우리를 어디까지 데려갈까? 무지의 감옥에 갇힌 우리를 어디까지 해방시켜줄까? 우주의 진리는 무엇일까? 또 어떤 새로운 세상이 우리 눈 앞에 펼쳐질까? 나는 지금도 너무나 설렌다.

참고문헌

우리는 모두 연금술사를 꿈꾼다

고야마 게타, 《연표로 보는 400년 과학사》, 김진희, 2020

김창우 기자, '연금술로 진짜 금을 만들 수 있을까?', 〈어린이 과학동아〉, 2021.06.19, https://kids.dongascience.com/presscorps/newsview/18029

이 세상에서 가장 강력한 무기는 무엇일까?

리언 레더먼, 딕 테레시, 《신의 입자》, 박병철, 휴머니스트, 2017

당신 영혼의 무게는 얼마일까?

Einstein, Albert. "Does the inertia of a body depend upon its energy-content" Annalen der physik 18.13 (1905): 639-641

왜 내 계란프라이는 자꾸 타는 것일까?

Fedorchenko, A. I., and J. Hruby. "On formation of dry spots in heated liquid films." Physics of Fluids 33.2 (2021): 023601.

에베레스트는 정말 가장 높은 산일까?

그레이엄 도널드, 《세상을 측정하는 위대한 단위들》, 이재경, 반니, 2017

유네스코와 유산, "킬리만자로 국립공원", https://heritage.unesco.or.kr, 2021.1.10

네이버 지식백과, "세계지명사전 중남미편: 자연지명, 침보라소 산", https://terms.naver.com/

용하다는 점쟁이는 무엇이 다를까?

리언 레더먼, 딕 테레시, 《신의 입자》, 박병철, 휴머니스트, 2017, 94

Morris, Michael S., and Kip S. Thorne. "Wormholes in spacetime and their use for interstellar travel: A tool for teaching general relativity." American Journal of

Physics 56.5 (1988): 395-412
스티븐 호킹, 《호킹의 빅 퀘스천에 대한 간결한 대답》, 배지은, 까치, 2019, 190

카밀라 발리예바의 도핑은 정말 불공정한가

월터 아이작슨, 《코드 브레이커》, 조은영, 웅진지식하우스, 2022, 114, 113-115, 336, 419-420, 457-458, 474
Pickering, Craig, and John Kiely. "ACTN3: more than just a gene for speed." Frontiers in physiology 8 (2017): 1080
Regalado, Antonio. "The world's first Gattaca baby tests are finally here." Technology Review 8 (2019)

호크아이는 처벌받아야 할까?

권준수, 《뇌를 읽다, 마음을 읽다》, 21세기북스, 2021, 71, 74
커트 스테이저, 원자, 인간을 완성하다, 김학영, 반니, 2014, 290
질 볼트 테일러, 《나를 알고 싶을 때 뇌과학을 공부합니다》, 진영인, 윌북, 214

수많은 별들이 빛나는 밤하늘은 왜 어두울까?

고미혜 기자, "태양 밝기 5천700억 배…역대 가장 강력한 초신성 관측", 연합뉴스, 2016. 01. 15, https://www.yna.co.kr/view/AKR20160115057500009?input=kkt
사이먼 싱, 《우주의 기원 빅뱅》, 곽영직, 영림카디널, 2015, 290-291

귀신은 존재한다 vs. 귀신은 존재하지 않는다

Eugene Hecht, 《광학》, 조재흥 장수 황보창권 조두진 공역, 자유아카데미, 2013, 115
리사 랜들, 《암흑 물질과 공룡》, 김명남, 사이언스북스, 26, 532
베르나르 베르베르, 《상대적이며 절대적인 지식의 백과사전》, 이세욱 임호경 전미연, 열린책들, 2021, 31, 41

당신이 상상하던 태양계는 없다

리사 랜들, 《암흑 물질과 공룡》, 김명남, 사이언스북스, 191
NASA, "How Do We Know When Voyager Reaches Interstellar Space", 2013.9.12,

https://www.jpl.nasa.gov/news/how-do-we-know-when-voyager-reaches-interstellar-space

그날의 명왕성은 억울했다

Ker Than, Space.com, "Dwarf Planet Outweighs Pluto", 2007.06.15, https://www.space.com/3948-dwarf-planet-outweighs-pluto.html
International Astronomical Union, "Pluto and the Developing Landscape of Our Solar System", 2021.10.01. https://www.iau.org/
조재형 기자, "The Science Times, '태양계에서 가장 반짝이는 천체, 에리스-성식(星蝕) 현상 통해 밝혀진 왜행성 에리스의 모습", 2011.11.07, 과학기술,https://www.sciencetimes.co.kr/news/태양계에서-가장-반짝이는-천체-에리스)
리사 랜들,《암흑 물질과 공룡》, 김명남, 사이언스북스, 143

당신과 지구 그리고 라면수프의 공통점

Carl Sagan,《Pale Blue Dot》, Ballantine Books, 1997

누구나 이해하는 상대성 이론의 출발

데이비드 보더니스,《E=mc2》, 김희봉, 웅진지식하우스, 2014
David Halliday , Robert Resnick , Jearl Walker 《일반물리학 제 2권》, 경상대 고려대 부산대 서강대 연세대 한양대 이화여대 물리학과 공역, 범한서적 주식회사, 2006, 1230

이제 우주의 비밀을 풀 수 있을까?

제프리 베네트,《세상에서 가장 쉬운 물리학 특강 상대성 이론이란 무엇인가》이유경, 처음북스, 2020, 145

또 다른 세계를 향해

킵손,《인터스텔라의 과학》, 전대호, 까치, 36

이과형의 만만한 과학책

1판 1쇄 발행 2023년 1월 16일
1판 3쇄 발행 2023년 7월 25일

지은이 유우종(이과형)
발행인 오영진 김진갑
발행처 토네이도미디어그룹㈜

책임편집 박민희
기획편집 박수진 유인경 박은화
디자인팀 안윤민 김현주 강재준
표지 및 본문 디자인 studio forb
일러스트 뿜작가
마케팅팀 박시현 박준서 조성은 김수연
경영지원 이혜선

출판등록 2006년 1월 11일 제313-2006-15호
주소 서울시 마포구 월드컵북로5가길 12 서교빌딩 2층
원고 투고 및 독자 문의 midnightbookstore@naver.com
전화 02-332-3310 팩스 02-332-7741
블로그 blog.naver.com/midnightbookstore
페이스북 www.facebook.com/tornadobook

ISBN 979-11-5851-256-9 03400